吴颖怡　主编
丁　宁　参编

职业素质教育读本

（第四册）ZHIYE SUZHI JIAOYU DUBEN

中国出版集团

世界图书出版公司

图书在版编目（CIP）数据

职业素质教育读本．第 4 册/吴颖怡主编．—广州：世界图书出版广东有限公司，2015.1

ISBN 978 - 7 - 5100 - 8096 - 8

Ⅰ.①职… Ⅱ.①吴… Ⅲ.①职业道德—职业教育—教学参考资料 Ⅳ.①B822.9

中国版本图书馆 CIP 数据核字（2015）第003311号

职业素质教育读本（第四册）

责任编辑：	张 华 许嘉慧
责任技编：	刘上锦
封面设计：	冒 君
出版发行：	世界图书出版广东有限公司
	（广州市新港西路大江冲 25 号 邮编：510300）
电 话：	020 - 87213911（发行）
	http://www.sxz-pub.com E-mail: yyh@ sxz-pub.com
印 刷：	广州锦盈印业有限公司
	（广州市白云区西槎路 821 号内 8 号之 1 二层）
版 次：	2015 年 1 月第 1 版 2015 年 1 月第 1 次印刷
开 本：	787 mm×1092 mm 1/16
印 张：	12
字 数：	224.4 千
ISBN	978 - 7 - 5100 - 8096 - 8/G · 1763
定 价：	23.80 元

前言

职业素质与职业成就息息相关。

本系列书是职业知识技能学习以外的补充，旨在通过一些优美的文章、精辟的小故事，以"动之以情"的方式，为学生提供感悟世界的机会。

本书特点：

1. 不占课时，协助学校提高教学质量

2. 提高学生素质

3. 为学生增强就业竞争力

使用方法：

不占课时，每天 15 分钟的朗读。

效用说明：

有效提高学生的语言组织能力、语言表达能力和文学素养，扩宽学生的视野，同时有利于学生形成健全的人格和高尚的思想品德。

内容构成：

传统文化的传承；视野视角的扩宽和拓展；世界观和人生观的分享与探讨；道德观念的强化。以上主题会在名家的文学作品、各界名人的传记中呈现，从而达到潜移默化的效果。

编　者

2014 年 12 月

目录

夫君子之行，静以修身，俭以养德。非淡泊无以明志，非宁静无以致远。夫学须静也，才须学也，非学无以广才，非志无以成学。

诸葛亮·《诫子书》

柏 舟

诗 经

泛彼柏舟，亦泛其流。耿耿不寐，如有隐忧。
微我无酒，以敖以游。
我心匪鉴，不可以茹。亦有兄弟，不可以据。
薄言往诉，逢彼之怒。
我心匪石，不可转也。我心匪席，不可卷也。
威仪棣（dài）① 棣，不可选也。
忧心悄悄，愠于群小。觏闵既多，受侮不少。
静言思之，寤辟有摽。
日居月诸，胡迭而微？心之忧矣，如匪浣衣。
静言思之，不能奋飞。

【译文】

荡起小小枯木舟，随波漂浮在中流。心烦意乱难入睡，内心深处多忧愁。不是想喝无美酒，也非没处去遨游。

我心不是那明镜，不能一切尽照出。虽有骨肉亲兄弟，要想依靠也不行。也曾对他诉苦衷，惹他发火怒冲冲。

我心不是一块石，不能随意翻过来。我心不是一张席，不能随意卷起来。举手投足要庄重，不能退让又屈从。

心中忧愁加痛苦，得罪小人气难消。遭受痛苦深又多，受的侮辱也不少。静心细细前后想，捶胸顿足心里焦。

太阳月亮在哪里，为何有时暗无光。心中忧愁抹不去，就像一件脏衣裳。静心细细前后想，恨不能奋飞高翔。

【赏析】

"泛彼柏舟，亦泛其流。"《诗经·国风·邶风·二子乘舟》有"二子乘舟，泛泛其景。"古人乘船用"泛"字，给人一种舒缓貌，能引起不尽的遐思。结合全诗，我们发现，此处只是一个人在"泛"舟。此时，"泛"字的舒缓貌所流露出的不再是情意绵绵，而变成了精神恍惚。徐徐前行着的小舟上正坐着一位心不在焉的诗人。诗人是在发愁吗？如果是的，诗人又为何发愁呢？《柏舟》表达的是不是情思主题呢？以上种种猜测，仅仅是由"泛彼柏舟，亦泛其流"一句发散开去，带着这些疑问继续读下去。

"耿耿不寐，如有隐忧。"此句交代了诗人确有"隐忧"，证实了之前的猜测。"微我无酒，以敖以游。"诗人说他（她）不是不能携酒以游。先秦时代，生产力低下，只有贵族才有可能喝酒，此句暗中交代了诗人的身份。携酒以游，这似乎是男人的事，但我们并不能由此认定诗人是男子。这是因为贵族女子未必不会饮酒，后世女词人李清照不就是贵族女性饮酒的代表吗？所以诗人的性别问题还要存疑，还需要继续读下去。

"我心匪鉴，不可以茹。"这句话是说：镜子可以不分美丑善恶，将一切东西的影像都照进去，我的心则不能像镜子那样不分美丑善恶都加以容纳，这样的比喻令人耳目一新。

---

① 棣：文雅安闲的样子。

我们一般将镜子比喻成美好的事物，比如说"心如明镜"、"以铜为鉴"等。我们正可以从这样的比喻中受到启发，有意识地运用这样的比喻，进一步扩大镜子在现代汉语中的象征意象。在内容上，此句表达了作者明辨是非的性格特点。"亦有兄弟，不可以据。薄言往诉，逢彼之怒。"这两句话让我想到了《孔雀东南飞》中的刘兰芝。刘兰芝"逼迫兼兄弟"，诗人的形象是不是和刘兰芝类似呢？通观《柏舟》的前两节，似乎说得通，由此看诗人也很可能是一位女性。但我们不能由此就敲定诗人和刘兰芝是同样的遭遇。凡此种种猜测，我们只有继续往下读，以求答案。

"我心匪石，不可转也。我心匪席，不可卷也。"这两句用比喻的形式，进一步申明了诗人的抗争。"威仪棣棣，不可选也。"此句明确表示了诗人的威武不能屈。"威仪棣棣"这样的形容似乎只适合男性，但不能排除"威仪棣棣"也可以形容女子，也许古代描述男女的词语与现代的词语不尽相同。"忧心悄悄，愠于群小。"这里的"群小"是谁呢？是"兄弟"？我们不得而知。"觏闵既多，受侮不少。"诗人的命运似乎和《孔雀东南飞》中的刘兰芝差不多。"静言思之，寤辟有摽。""摽"字的解释仁者见仁，有人把"寤辟有摽"解释为气得捶胸顿足，似也可取。

"日居月诸，胡迭而微？"这句话是说日月的光辉有时也会被浮云遮住而暗淡。这样的比喻够新颖，除了可以表示遭受压迫之外，还可以形容生不逢时、怀才不遇。不过古人却鲜有此意义的引用。"心之忧矣，如匪浣衣。"这样的比喻很有生活气息。"静言思之，不能奋飞"这一句和"静言思之，寤辟有摽"复沓，这也是《诗经》常用的修辞手法，再言诗人的不肯屈从命运。

纵观全诗，诗人运用各种各样的比喻来完成对诗人自我形象的塑造，在表达诗人不屈的性格方面是清晰有力的。学习《诗经》，能够了解我国灿烂文化的源头，能够丰富一个人的古文化知识。孔子曰："不学诗，无以言。"放到现在来说，诗经在交际应用方面虽然没有那么重要了，但对于一个人的文化修养却依然有着不可低估的影响。

路过彼此的世界

佚 名

7 个救助中心

圣诞节的时候，我一个人在英国旅行，住在伦敦一家廉价青年旅馆的六人间里。

我到达时是平安夜，屋里已经住进了两个人。一个是黑人小哥 Prince，我问他来自哪里，他立刻把肯尼亚护照、意大利护照和英国政府签发的工作许可证拿出来给我看，我被这种直接掏证件的自我介绍方式震撼了。另一个是善良的威尔士小伙子 Jason，他是来伦敦为 Crisis 这个慈善组织做义工的。

Crisis 在英国有着悠久的历史，每年圣诞节，他们会在几个主要城市为无家可归的人提供一周的食宿，食物、场地以及水电费都依靠社会募捐。

伦敦有 7 个救助中心，Jason 所在的中心大概有 300 名无家可归的人，每天有三班义工，每班大约 70 人。Jason 值晚上 11 点的班。

我好奇地问。"什么样的人会去救助中心呢？街上的流浪汉吗？"

Jason 点点头："我们称这些人为客人。有一些客人确实是在街上风餐露宿的，但也有些客人只是暂时无家可归。比如说，有的人一直睡在朋友家的沙发上，但是圣诞节期间，朋友的家人都来团聚了，他就显得有点多余，所以这一个星期他就没有地方住。再比如说，昨天晚上我碰见了一个牛津的毕业生，你会想，顶尖大学的毕业生怎么会落得如此潦倒的境地呢？他的解释是，他已经和房东签了合同，1 月 17 日才能搬进去住，所以在 1 月 17 日之前，他都无家可归。"Jason 说，每个人都有自己的难言之隐，如果他们不愿意说，义工们也不会主动去问。

我问 Jason 可不可以和他一起去，他说可以帮我问问负责人。第二天上午快 9 点时，Jason 回来了，他高兴地告诉我，他们很欢迎我的加入。

做义工的圣诞夜

于是，圣诞节当晚，我便坐上了来接我们的罗马尼亚姑娘的车。大约 40 分钟后，车停在了位于伦敦另一端的一座弃置厂房前。一个老头儿坐在门口为报到的义工登记，Jason 说这个老头儿每年圣诞节都来，已经为 Crisis 工作了 20 多年。

我领到了一个徽章，这个徽章是用来区分志愿者和客人的，必须佩戴在明显的位置。徽章上有佩戴者的名字和国籍，方便义工之间互相问候。几位资深的负责人在一个大房间里为义工们进行简单的讲解，讲解的注意事项包括：不能在客人面前使用手机，因为他们中的很多人没有手机，会对他们造成刺激；不能答应帮忙照看他们的个人物品；避免告诉他们自己的联系方式；不能拍照。

这里的志愿者大部分都是英国人，我在心里对他们还是颇为敬佩的，毕竟这是圣诞夜啊，他们放弃了烤火鸡和葡萄酒，无偿为无家可归的人提供服务，实在是精神可嘉。

　　夜班的义工们每过一两个小时会轮岗一次，所以我有机会体验到不同的岗位。

　　我的第一个岗位是守厕所。我的搭档是一名中年男工程师，我们的主要任务是不时查看厕所，确保内部干净和卫生用品的供应。我们还负责分发牙刷、剃须刀等个人用品，并且要避免同一个客人反复索要一件东西。此时，客人们正准备结束一天的活动去睡觉，人流量很大，和我的搭档相比，我要轻松很多，因为客人中男性居多。

　　这时我才意识到徽章的重要性，因为这些客人和中国人想象中的"无家可归者"完全不一样——他们大多着装正常，只是有些人的衣服搭配比较怪异。有人戴着眼镜穿着风衣，看上去非常斯文的样子，如果不是因为他没有徽章，我可能会以为他是某大学的教授。

　　我的搭档告诉我，客人中有很大一部分是外国人，来自非洲或者经济衰退的罗马尼亚、希腊和西班牙，他们没有工作，也没有足够的钱支付回国的旅费。我想，如果 Prince 把他带来的钱用完了却还没有找到工作，明年大概就会在这里见到他了。

　　我在二楼的睡眠区里轮了三次岗。这是个非常开阔的区域，暖气异常充足，地上摆放着一排排的简易支架床和防潮垫，鼾声此起彼伏，空气中弥漫着一股轻微的酸臭味——有些客人虽然看上去衣冠楚楚，但能够洗澡的机会却不多。一对对义工搭档就安静地坐在黑暗中守护着他们。睡眠区的尽头是巨大的落地窗，窗外闪烁着夜伦敦流光溢彩的点点灯火。

路过彼此的世界

　　26 日我睡了一整天，醒来后到 Crisis 的官网上登记了 29 日早上 7 点开始的班次。

　　这次我选了离青年旅馆比较近的一个救助中心，自己坐公交车去。一杯热咖啡和例行公事的讲解后，我和一个黑人姑娘被分到了一组。我们的任务是坐在咨询台前向客人们提供信息。我告诉客人们在哪个房间可以领取捐赠的衣物，几点钟开始提供剪发服务，以及什么时候关闭澡堂。客人们来去自由，到了饭点时，总是有大批的人涌入。

　　下午 4 点有参观国家艺术馆的活动。一个义工在前胸和后背挂着宣传板，在大厅内不停晃荡，每看见一个客人，都热情地发出邀请。令我没想到的是，大多数人都没有兴趣，他们的眼中空无一物，脚步却显得颇为匆忙。

　　咨询台边上有几个房间，房间内有专业的咨询师为客人们提供关于就业和住宿的建议，我和我的搭档负责为前来咨询的客人排号并分配不同的咨询师。大多数客人前来咨询的都是住房问题。一个义工告诉我，他们因为没有固定住址所以找不到工作（在英国，住址是所有表格的必填信息），然后又因为没有工作所以没钱租房子，从而没有固定住址。还有些领救济金的人不愿意按照新政策把大房子换成小房子，他们宣称老房子里充满了家庭回忆，最后被停了救济金，流落街头——这些都是多么怪异的逻辑啊！

　　这一天的义工服务是以饿到胃痉挛（jìngluán）告终的。救助中心只给客人们提供食物，并没有给义工们准备填肚子的东西，而我恰好什么吃的也没带，于是在整整 8 个小时中，我只喝了几杯速溶咖啡。

　　冬天的伦敦，夜幕早早就降临了。我回头看了看当晚就要关闭的救助中心，大厅里依旧灯火通明，最后一批扫尾的义工刚刚到来，互相热情地寒暄着。明天，他们又成为律师、医生、专栏作家；明天，客人们又回到桥洞下、公园的长椅上、朋友家的沙发上，而我的背包里，放着一张返回中国的机票。

贝克汉姆的"成功的秘密"

刘红旗

在 1996 年至 1997 年赛季曼联队客场挑战温布尔登队的比赛中，曼联的一个年轻队员在中场线附近得球，以一脚远射破门。从此，他走上了一条明星之路，成了能一锤定音的关键人物，并且连续两年在世界和欧洲足球先生评选中名列前茅。

能够踢出世界上最好的右路传中球，任意球和角球也是世界一流水准，长传球犹如巡航导弹一样精确。加上帅气的外表与冷酷的眼神，使他成为足球场上的"万人迷"。

上面说的这个人，喜欢足球的人们都知道，他就是英格兰队的灵魂贝克汉姆，全名是戴维·罗伯特·约瑟·贝克汉姆。

当他以那令人不可思议的一记长传的脚法一举成名之后，人们一方面极力地称赞羡慕他的高超技艺，一方面也在努力地探究他的这一绝活是如何练成的。

面对记者一次次好奇的提问，他总是笑而不答，这更加引起人们对这个问题的兴趣，纷纷猜测他一定有着不寻常的秘密武器。

这个秘密在一个非常偶然的机会里由他的父亲泰迪·贝克汉姆解开了。

一次，在贝克汉姆的家里，一个记者用异常神秘的口吻问起贝克汉姆少年时练球的经历，并且搬出了他的秘密武器这一老问题，老泰迪哈哈大笑起来，他带着记者到他家的庄园里，指着远处一棵大树上挂着的一只破旧的轮胎说，瞧，看到了吗？那就是你们说的秘密武器。

记者用大惑不解的眼光望着老泰迪，什么？你说什么？你没有搞错吧？

老泰迪说，我怎么会搞错，那就是他小时候练球的武器。他把那个轮胎当成球门，一天天一年年地从不同的角度和不同的距离向那个孔里面不停地踢球，不停地射，如此而已。

真没有想到答案竟是如此地匪夷所思，那么一只简陋不堪的破轮胎竟然成就了这样一个非凡的足球天才。

这样的破旧轮胎不要说任何一个足球队员就是任何一个人也不难拥有，之所以贝克汉姆用它练出了超一流的脚法，并不是他的轮胎有什么神秘，他的成功在于他一天天一年年不停地踢不停地射。

许多人都认为成功者会有这样那样的秘密，其实，这个"秘密"就是苦练，只有苦练基本功，才是一切真正成功的"秘密武器"。

生日礼物

郭敬明

　　曾经，20 万元人民币对我来说是很大的一笔钱。那个时候，正好是爸爸 50 岁生日，爸爸学会了开车。我想了很久，最后一咬牙，要送一辆车给他。

　　一个出版商听说我要买车，推荐成都的一家做汽车专版的报纸负责人给我。他们说可以代我选车，然后亲自送到我自贡的家里，交给我爸爸。我很开心地答应了。

　　我爸爸收到汽车的第二天，我在上海，看见路边的报纸，上面有一张我爸爸的照片。爸爸坐在汽车上，手握着方向盘，有一点害羞，但是也非常高兴地笑着。我拿起报纸，看见上面的大标题：《暴发户的可笑嘴脸》。

　　电话里，爸爸很高兴，他反复地对我说："儿子，爸爸很高兴，就是太贵了。唉，突然买这么贵的东西……谢谢明明。"

　　我握着电话，随意地说："我在报纸上看见你的照片，拍得挺好。"

　　爸爸有点害羞地说："那个记者把车送到之后，一定要我坐在座位上拍照，我一直推辞，说不要不要，但是他说了要发新闻，说你让我拍一张照片，还一直说你真孝顺，后来我也推辞不了。呵呵，他们还让我摆了很多姿势，一大把年纪了，还真不习惯啊，嘿嘿，也当了一次模特。"

　　顿了顿，见我没回答，爸爸有点担心地问："是不是我不该拍照？其实，我也和他说了不要拍。"

　　我说："没事，没事，照片挺好。"然后匆匆挂了电话，眼泪从眼眶里翻涌出来。

　　那天，我买光了周围所有的报纸。

城市里的手艺人

祝小兔

前几天，带朋友去剪发，他总是不满意发廊给他做的发型，哪怕是一掷千金，请了店里最贵的发型师。我们在小区里东走西转，进了这位凡师傅家，朋友显得意外，甚至有些不可思议。在城市热闹的公寓楼里，凡师傅半隐居在此，养了一只猫为伴，客厅就是他的工作室。虽然是民居，工具倒是很齐全，就是有些凌乱：一面落地镜前，摆着转椅，旁边有烫发的机器设备，各种药水、彩色发卷七七八八散落。剪发是一种互动的手艺，他用触觉感受你的发量，用眼睛看你的发质，用耳朵听你的需求，用心体会你的审美。

我想朋友心里一定在打鼓，事已至此，怀着将信将疑的心，也只能让凡师傅打理。凡师傅的性格非常有趣，遇到他喜欢的人，就忍不住跟人家多聊上几句。遇到不投机的人，连生意也不做。开一家发廊成本很高，他就在民居里工作，也不养助手，解决温饱是件很容易的事，闲钱不少，前段时间他自己跑到云南雪山玩了一圈。不知不觉聊着，头发就剪完了，朋友出奇地满意。他问多少钱，价格比市场低很多。凡师傅不肯接钱，指着柜子上一个木箱说，丢里面吧。朋友觉得他随性极了。忙的时候，他常常说，看着给呗，然后就转身忙活别的客人了。

凡师傅是位手艺人，我认识他已经十年了，从他在发廊工作的时候就已经成为他的回头客。人生好像兜兜转转，我换过几个发型师，最后还是跟随着他，他也跟随着自己的内心，最后老老实实地当个手艺人。

小时候对手艺人的理解实在不够宽泛。庙会上售卖手工艺品的民间艺人，在街角修鞋的匠人，裁缝店的老师傅，他们一辈子就靠一项技能养家糊口，好像他们的人生从未跟财富关联，起早贪黑，总是辛勤地营生。那时候太关注五光十色的生活，好像所有的手艺人都显得与时代脱轨，人们更为新产品和新科技着迷，停不下来，渐失初心。很多手艺失传或者不精了，或者被工业化取代，木匠做活儿全凭电锯、电刨子、射钉枪、万能胶。

有段时间，我以为手艺人消失了。慢慢观察，我们确确实实活在手艺人的世界里，享受他们带来的好。"写作是一门手艺，与其他手艺不同的是，这是一门心灵的手艺，要真心诚意，这是孤独的手艺，必一意孤行。每个以写作为毕生事业的手艺人，都要经历这一法则的考验，唯有诚惶诚恐，如履薄冰。"这是北岛老师曾经发在文章里的一句话，我反复地读着，感受着，也思考什么才是真正的手艺人。

我想，靠着一项技能吃饭的人，也不能完全称作手艺人，即使能掌握相同的技艺，不同的人也会给我们不同的感受。我想，世上无非两种人——商人和手艺人。商人是在出售产品，把手艺当作产品来生产自然不能算。手艺人是专注的，抛开一切地去钻研技艺。有些手艺讲究的是童子功，要在习艺所里刻苦而单调地磨炼；有些手艺，真的要在添了岁月后才能真正地感受到其中的奥妙和精髓。手艺人，内心是以手艺为美的，也将手艺看得至为崇高。

年纪越大，我越知道当个手艺人的好，只用打磨自己，只用做好分内事，无须讨好，无须谄媚，无须看人脸色。古人说，无须黄金万贯，只需一技在身。做个堂堂正正的手艺人，更理直气壮，心安理得。

在上海认识了一位名叫若谷的手艺人，先是被他手做的酸梅汤打动，没想到有缘认识他并知道了他的手艺故事。"若谷"取自《道德经》"旷兮其若谷"，讲的是胸怀阔达像高山深谷，是一种接纳，是包容。若谷总是穿着最舒适的棉麻衣服，戴着一副圆形玳瑁眼镜，人如其名，用现世的心做传统的事，把传统的物用现代的手法来诠释。若谷是个木讷的人，跟着老师学《道德经》，师兄们在分享感悟的时候，他只是傻傻地笑，老师说他是讷于言而敏于行。"做肥皂适合我"，那个过程就是一种入定的状态。花三个月的时间来浸泡草药，换来萃取了精华的油脂。花几小时甚至半天时间来搅一锅肥皂，换来四十五天的等待。四十五天静静地等待，喃喃地对它们说话，或许是种交代。做肥皂让他的心安定下来，看着它们从油脂慢慢搅拌、入模、裁切、盖章，最后成为手上的那块肥皂，是它的沉淀，也是他自己的。

秋天的时候，我们拿到了若谷的桂花糖露。桂花在秋天盛放，但其实他的桂花糖露是前前后后花了整整一年的时间，用时间沉淀，让味道醇厚。对于大自然来说，这不过是一个四季的轮回，但对于他来说是手艺人的耐心和等待。前一年用古法将桂花秋天的味道保留下来，和以五月青梅与海盐，咸甜交错。桂花需要精心挑拣，去除花托、花梗、树叶、甲虫等，再用海盐进行腌制去除桂花的苦涩，最后与梅子酱混合，使得桂花的甜腻变得柔和，富有层次。最后完成的糖桂花，若谷用一枚朱红色的封蜡封存在透亮的玻璃瓶子里。所有青梅的酸、盐卤的咸、砂糖的甜、桂花的香，都隐匿在了他双手捧着的那方天地里。

我去南京的随园书坊拜访设计师朱赢椿（chūn）[①]老师，他让我觉得手艺人宛如诗人，每件作品都是一首诗。诗就是要有感而发，有话要说，有情要表达，绝不能虚情假意。他说自己像蚂蚁一样忙，却像蜗牛一样慢。他在做的不是用来收藏的珠宝，也不是毫无情感的机器，而是贴近人内心的东西。

城市里的手艺人，弥足珍贵，因为他们除了要打磨技能，还要对抗浮躁的社会，全靠自己的意念。我不知道自己是否还来得及做一个手艺人，我是如此渴望一门可以与外界交流的手艺。

我后来明白，我羡慕的不是手艺本身，是专注手艺背后带来的宁静，是手艺人细腻优雅的生活方式。

---

① 椿：落叶乔木，嫩枝叶有香味，可食。

和平年代我们依旧崇尚英雄

澜 涛

古往今来，无论历史如何演变，人们始终有一种不变的心理：崇尚英雄。究其原因，可以简单地总结为，因为英雄是人类行为至高至美至善至洁的体现，是人们情感、精神以及灵魂的精髓与支柱。现今，谈起英雄，人们越来越多的却是摇头，感叹在喧嚣与诱惑中，英雄已经越来越稀有了。

英雄真的越来越少了吗？

那是一个4月的下午，河南省虞城县第一实验小学四年级学生房瑞丽领着在同一学校读二年级的妹妹房苗苗回家。当她们路过离家不远的红旗河时，看到河里有不少小鱼。贪玩的房苗苗在河边捡起一个小破网，把书包交给姐姐，挽起裤脚下河网鱼，网到小鱼就递给岸上的姐姐。20分钟后，在岸上整理小鱼的房瑞丽突然听到"扑通"一声，她抬起头时，只看到深水中露出妹妹的两只胳膊和半个脑袋。房瑞丽试图把妹妹拉上来，但没有成功，她开始大呼"救人"，房瑞丽喊了10多声后，放学路过的虞城县一中高一（25）班的张曼丽跑过来，跳进河里。张曼丽跳进深水处后，水一下子没到她的嘴边，她抓住苗苗举起来就往河边走。可能是因为河床比较松软比较陡，她走了好大一会儿还是在老地方"打转转"。几分钟后，张曼丽再次举起苗苗时，苗苗终于死死抓住了姐姐递来的木棍，房瑞丽把妹妹拉上岸，苗苗吐了几口水后哆哆嗦嗦地站了起来。此时，她们再回头看河里时，十几米深的红旗河一片宁静，河面上已经没有了张曼丽的影子。当日晚20时许，虞城公安、消防等部门把只有17岁的张曼丽的尸体从红旗河打捞上来，人们发现张曼丽的双手依然向上举着。

那是一个2月，因为儿子突然身体不适，河北省辛集市某医院护士郭钗提前去幼儿园接儿子。接到儿子后，她向幼儿园的一名老师询问起儿子的一些症状。突然，一名男子闯进幼儿园，一句话都没说，掏出一把长刀向郭钗旁边的老师连刺3刀，鲜血飞溅。接触过太多死亡的郭钗却毫不犹豫地冲向手持血刃的歹徒，死死地抱住了歹徒及其拿刀的手，并喊叫报警。她的瘦弱和歹徒的剽悍对比鲜明，但她却不知道哪里来的力气，紧抱着歹徒持刀的手，在歹徒拼命的挣扎和厮打中没有退缩。歹徒见有人抱住他不放，又掏出一把斧子，向郭钗连砍数十斧，郭钗终于倒在地上，她28岁的生命从此定格。丧心病狂的歹徒又将郭钗那哭着要妈妈的儿子砍死后，挥舞着斧头冲向幼儿园的教室。而此时，楼上的老师和63名孩子在得到那名受伤的老师通知后，已经集中到一间教室内，死死地用桌子顶住了教室门。民警终于赶来，此时，找不到人的歹徒已经砍烂了一间间空教室内的桌椅。

那是一个冬季的傍晚，两名歹徒在武汉市武昌中百仓储收银台持枪抢劫，打死打伤3人后逃窜。路过此处的武警某文工团政治指导员尹飞先是听到一声"杀人了"的惊呼，随即见一名男子挥舞着手枪从对面狂奔而来，他意识到，对面那满脸凶残的人一定是实施犯罪后逃跑的歹徒，宋不及多想，他毫不犹豫地冲向歹徒。扭打中，歹徒的枪响了，尹飞只觉得自己的右手臂有凉风急速刮过，但他丝毫没有停止搏斗，几番搏打，终于，他将高出自己一头的歹徒摔倒在地并将其制伏。事后，人们从歹徒的身上缴获手枪两支、子弹 6 发。而直到歹徒被押上警车，尹飞才注意到自己的右衣袖被子弹穿了一个洞。

如果英雄真的越来越少了，是不会每每危难突降时，总有英雄出现。我们之所以鲜见英雄的风姿，多半是因为我们当今的生活充盈着祥和与安定，越来越少危难，而英雄只在一些危难的关口才能够显现他们的光芒。

原来，英雄遍布在我们身边，我们看不见英雄，是英雄将其光芒内敛在心中。

实际上，只要用心，我们仍旧可以随处感受到英雄的光芒。成为英雄，缺少不了在生死面前的无畏与勇敢，取舍面前的无私和从容，而这些恢弘与磅礴，是在生活的点滴与琐碎中凝练与锻造的。要想在祥和与安定中领略到英雄的风采，只需要细心就能够捕捉到：比如，在公共汽车上那个给老幼病残让座的人；比如，街头那个为迷路者耐心指引方向的人；比如，那个路拾他人物品急切寻找失主的人……他们或许就是英雄。因为，时刻以宽爱、善良、无私、正义的心去对待生活，哪怕是生活中琐碎得不能再琐碎的细节也是英雄耀眼光芒中无法缺少的一环。

这样，有一个方法可以让我们更真切地感受到英雄的光芒：常怀一颗宽爱、善良、无私、正义与勇敢的心对待身边的每一件事、每一个人。这个方法不仅可以让我们离英雄更近，或许还可以让我们自己成为英雄。

我相信英雄就在身边。或许，我们每天都和英雄擦肩而过，每天都沐浴在英雄的光芒之中。而且，我们每个人都可以成为英雄。

庭中有奇树

《古诗十九首》

庭中有奇树，绿叶发华滋。
攀条折其荣，将以遗所思。
馨香盈怀袖，路远莫致之。
此物何足贵？但感别经时。

【译文】

庭院里一株珍稀的树，满树绿叶的衬托下开了茂密的花朵，显得格外生机勃勃，春意盎然。

我攀着枝条，折下了最好看的一串树花，要把它赠送给日夜思念的亲人。

花的香气染满了我的衣襟和衣袖，天遥地远，花不可能送到亲人的手中。只是痴痴地手执着花儿，久久地站在树下，听任香气充满怀袖而无可奈何。

这花有什么珍贵呢？只是因为别离太久，想借着花儿表达怀念之情罢了。

【赏析】

《古诗十九首》是组诗名，最早见于《文选》，为南朝梁萧统从传世无名氏《古诗》中选录十九首编入，编者把这些亡失主名的五言诗汇集起来，冠以此名，列在"杂诗"类之首，后世遂作为组诗看待。这首诗写一个妇女对远行的丈夫的深切怀念之情。由树及叶，由叶及花，由花及采，由采及送，由送及思。全诗八句，可分作两个层次。

"庭中有奇树，绿叶发华滋。攀条折其荣，将以遗所思。"这两句诗写得很朴素，其中展现的正是人们在日常生活中常常可以见到的一种场面。但是把这种场面和思妇怀远的特定主题相结合，却形成了一种深沉含蕴的意境，引起读者许多联想：这位妇女在孤独中思念丈夫，已经有了很久的日子吧？也许，在整个寒冬，她每天都在等待春天的来临，因为那充满生机的春光，总会给人们带来欢乐和希望。那时候，日夜思念的人儿或许就会回来，春日融融，他们将重新团聚在花树之下，执手相望，倾诉衷肠。可是，如今眼前已经枝叶扶疏，繁花满树了，而站在树下的她仍然只是孤零零的一个，怎不教人感到无限惆怅呢？

再说，如果她只是偶尔地见了这棵树，或许会顿然引起一番惊讶和感慨：时光过得真快，转眼又是一年了！然而这树就生在她的庭院里，她是眼看着叶儿一片片地长，从鹅黄到翠绿，渐渐地罩满了树冠；她是眼见着花儿一朵朵地开，星星点点渐渐地就变成了绚烂的一片。她心里的烦恼也跟着一分一分地堆积起来，这种与日俱增的痛苦，不是更令人难以忍受吗？此时此刻，她自然会情不自禁地折下一枝花来，想把它赠送给远方的亲人。因为这花凝聚着她的哀怨和希望，寄托着她深深的爱情。也许，她指望这花儿能够带走一部分相思的苦楚，使那思潮起伏的心能够得到暂时的平静；也许，她希望这故园亲人手中的花枝，能够打动远方游子的心，催促他早日归来。总之，我们在这简短的四句诗中，可以体会到许多诗人没有写明的内容。

自第五句发生转折，进入第二个层次。"馨香盈怀袖"这句紧承上面"攀条折其荣，将以遗所思"两句，同时描绘出花的珍贵和人物的神情。这花是"奇树"的花，它的香气特别浓郁芬芳，不同于一般的杂花野卉，可见用它来表达纯洁的爱情，寄托深切的思念，是再合适不过了。至于人物的神情，诗人虽没有明写，但一个"盈"字，却暗示我们：主人公手执花枝，站立了很久。本来，她"攀条折其荣"，是因为思绪久积，情不自禁；可待到折下花来，才猛然想到：天遥地远，这花无论如何也不可能送到亲人的手中。此时的她，只是痴痴地手执着花儿，久久地站在树下，听任香气充满怀袖而无可奈何。她似乎忘记了时间也忘记了周围的一切，对着花深深地沉入冥想之中。

现在，我们再回顾这首诗对于庭中奇树的描写，就可以明明白白地看到，诗人始终暗用比兴的手法，以花来衬托人物，写出人物的内心世界。一方面，花事的兴盛，显示了人物的孤独和痛苦；另一方面，还隐藏着更深的一层意思，那就是：花事虽盛，可是风吹雨打，很快就会落，那不正是主人公一生遭遇的象征吗？

诗的最后两句："此物何足贵，但感别经时"，大意是说："这花有什么稀罕呢？只是因为别离太久，想借着花儿表达怀念之情罢了。"这是主人公无可奈何、自我宽慰的话，同时也点明了全诗的主题。从前面六句来看，诗人对于花的珍奇美丽，本来是极力赞扬的。可是写到这里，突然又说"此物何足贵"，未免使人有点惊疑。其实，对花落下先抑的一笔，正是为了后扬"但感别经时"这一相思怀念的主题。无论说花的可贵还是不足稀奇，都是为了表达同样的思想感情。但这一抑一扬，诗的感情增强了，最后结句也显得格外突出。诗写到这里，算结束了。然而题外之意，仍然耐人寻味：主人公折花，原是为了解脱相思的痛苦，从中得到一点慰藉；而偏偏所思在天涯，花儿无法寄达，平白又添了一层苦恼；相思怀念更加无法解脱。

你没有变强只因你一直很舒适

王 石

职业生涯很长，对企业而言，它需要你成为一个专才，但从职业发展来看，你需要成为一个全才，方能适应社会的变化。阻碍你成为全才的不良习惯有很多，有时候我们喜欢趋利避害，拖延症更是让自己定下来的目标难以实现。从现在起，你要努力去寻找各种让自己变得不舒服的环境、习惯，别害怕痛苦，伴随着痛苦的出现，才会有成长的空间。

这个世界上有两种人，一种人是强者，一种人是弱者。强者给自己找不适，弱者给自己找舒适。想要变得更强，就必须要学会强者的必备技能，那就是让不适变得舒适。

如果你学会了这种技能，你可以搞定很多事情，例如克服拖延、健身、学习新语言、探索未知领域，等等。但是很多人都倾向于回避这种不舒适，毕竟没有一件事情是简单的，都需要付出很多努力，忍受很多痛苦，甚至是让自己遍体鳞伤。

我以前一直觉得我们应该让自己舒适一些，但是后来我明白有一些不适有时并不是件坏事。事实上，你可以学会享受这种不适，例如，我每天都会做一些力量训练，虽然这点不适不会严重到令我讨厌的地步，但是人就是这样的，能逃避的困难，我们总能找到借口。我制订计划表格，让这点不适参与我的生活，形成一种习惯。每当我完成15个引体向上，就会在引体向上那一栏写上15，每个月我都会换新的纸张，并总结上个月的情况。不经意间，几个月时间我已经做了1000个引体向上了。

我发现任何只要是有一点不适的事情都是可以训练的，我们可以将一件不适的事情变成一种习惯，然后你会离不开它，觉得这点小痛苦其实是平淡无奇生活中的一种调味料。这件事由不适变得舒适，良好的习惯就是这样养成的。

具体的方法如下：

找到一件你想做的事情，这件事情会让你有点小不适，但是做成了以后你会收获很多。例如：健身。

你可以把这件事情分解成1000个独立的事件，要确保每个事件都在你能容忍的不适程度内。你可以先测试一下你尽全力最大的容忍程度，然后减去20%，从这个值开始。例如，我想要做10000个引体向上，那么分成1000份，就是每次10个。

开始去做，并且不要强迫自己，把它当做一种乐趣去挑战。随着你的能力增强，逐渐增加分量，例如一个月后，你可以做到15个，3个月后，你可以做到25个。所以，10000个看似需要1000天才能完成，事实上，你可能9个月就搞定了。

这个方法的精髓在于把一个很大的痛苦分解成1000份小不适，然后将它融入每天的生活中，培养成习惯，将不适转变成舒适。

我们可以通过上面的这种方法，对自己的能力进行提升，改变一些坏习惯，培养一些好习惯。

1．拖延的习惯。我们为什么要拖延，主要原因在于我们要做的事情令我们感到不适。所以，我们的头脑会产生各种各样的借口和诱惑，来促使我们去做更容易的、更舒服的事情。当我们把一件事情定义为"不舒适"的时候，我们会本能地不想去做它，想方设法拖延到明天。

但是，如果我们能够把这种痛苦分解成1000份，变成可以忍受的程度，那么事情就变得容易了。我们可以制订一个表格，叫做"战胜拖延"。每次有想要拖延的想法的时候，就立刻去做，完成任务之后就在表格上＋1，当完成1000＋的时候，拖延的习惯就根除了。

2．健身的习惯。我们不去健身是因为感到不舒适，但是如果每次有意识地让自己承受一些不适，会逐渐提升自己的忍耐力，一旦养成一种习惯，我们会依赖于这种不适带给自身的有利刺激，让自己感到更有活力。

3．阅读的习惯。没有阅读习惯的人会把读书看成是一件很痛苦的事情。如果你能够建立一个表格，每读完一个章节就在上面写上＋1。逐渐养成习惯以后，改成阅读一本书写上＋1，你会发现一个月你甚至能够读上5本书。然后阅读会变得不再痛苦，而成为一种习以为常的事情。当你能够跟别人谈起你阅读的著作以及你的看法，会是一件很有成就感的事情。

4．早起的习惯。要培养早起的习惯首先要为自己设定一个早起的目的。而且这个目的会让你很期待第二天的早晨快点到来。如果你是一个吃货，不妨睡前准备好一顿丰盛的早餐食材，等早上起床给自己做一顿很好吃的早餐。

我给自己设定的早起目的是玩半个小时游戏（很神奇吧），这对我来说很有吸引力。于是，如果我想要6点半起床，那么我会把闹铃定在6点，然后快速起床，开机时间我会搞定刷牙洗脸，然后热一杯牛奶，一边打游戏，一边听着英语广播。通过这个方法，我将不适转换为舒适，让本来很难的事情变得容易而且备受期待。

5．写作的习惯。读书再多如果不写出来，就不能成为自己的东西。如果不能向别人说出来，就不能得到修正与反馈，也无法知道自己的观点是处于什么样的水平。

写作是一个整理自己想法的很好的工具，将平时阅读中的论点整理出来，加以思考，总结成自己的话语。这样，逻辑能力和思考能力就会逐渐加强。当然，写作是件比较痛苦的事情，你需要整理自己的思绪，并且组织语言将它们表达出来。而且，当你对着电脑的时候，还要排除各种杂事的干扰，这对专注力也是一种锻炼。

像水一样流淌

张建伟

从小，他就有从大学中文系到职业作家的绚丽规划，然而，命运和他开了一个玩笑。

1955 年，他的哥哥要考师范了，但是，父亲靠卖树的微薄收入根本无法供兄弟俩一起读书，父亲只好让年幼的他先休学一年，让哥哥考上师范后他再去读书。看着一向坚强、不向子女哭穷的父亲如此说，他立刻决定休学一年。1962 年，他 20 岁时高中毕业。"大跃进"造成的大饥荒和经济严重困难迫使高等学校大大减少了招生名额。1961 年这个学校有 50％的学生考取了大学，一年之隔，四个班考上大学的人数却成了个位数。他面前的这座高考大山又增高很多，结果，成绩在班上数前三名的他名落孙山。

高考结束后他经历青春岁月中最痛苦的两个月，几十个日夜的惶恐紧张等来的是一个不被录取的通知书，所有的理想前途和未来在瞬间崩塌。他只盯着头顶的那一小块天空，天空飘来一片乌云，他的世界便黯淡了。他不知所措，六神无主，记不清多少个深夜，从用烂木头搭成的临时床上惊叫着跌到床下。

沉默寡言的父亲开始担心儿子"考不上大学，再弄个精神病怎么办？"就问他："你知道水怎么流出大山的吗？"他茫然地摇摇头。父亲缓缓说道："水遇到大山，碰撞一次后，不能把它冲垮，不能越过它，就学会转弯，绕道而行，借势取径。记住，困难的旁边就是出路，是机遇，是希望！"父亲又说："即便流动过程中遇见了深潭，即便暂时遇到了困境，只要我们不忘流淌，不断积蓄活水，奔流，就一定能够找到出口，柳暗花明。"

一语惊醒梦中人。

1962 年，他在西安郊区毛西公社将村小学任教；1964 年，他在西安郊区毛西公社农业中学任教。后来，又历任文化馆副馆长、馆长。1982 年，他终于流出大山，进入陕西省作家协会工作。1992 年，正是这 40 年农村生活的积累，使他写出了大气磅礴、颇具史诗品位的《白鹿原》。

他就是陈忠实。

以后有人问他："怎么面对困难与挫折？"老先生总淡淡地说："像水一样流淌。"

像水一样流淌，这是岁月积淀的智慧。遇见困难，努力了，无法消灭它，不如像流水一样，在大山旁边寻找较低处突围，依山而行，借势取径。只要我们不忘努力，不断奔突，也一样能够走出困境，到达远方，实现梦想。

用理解来表达需要

蒋光宇

杰克和约翰是多年的同事、好朋友，都有看报的习惯。

一次他们两个人一同去曼哈顿出差。第二天早上，当他们在旅店点完早餐之后，约翰说："我出去买份报纸，一会儿就回来。"

过了5分钟，约翰空着手回来了，嘴里嘟嘟囔囔、含糊不清地发泄着怨气。

"怎么啦?"杰克不明就里地问。

约翰答道："我到马路对面的那个报亭，拿了一份报纸，递给那家伙一张10美元的票子，让他给我找零钱。他不但不找钱，反而从我腋下抽走了报纸。我正在纳闷，他倒没好气地开始教训我，说他的生意正忙，绝不能在这个高峰时间给人换零钱。看来，他是把我当成借买报纸之机换零钱的人了。"两个人一边吃饭，一边议论这一插曲。约翰认为，这里的小贩傲慢无礼，不近人情，素质太差，很可能都是些"品质恶劣的家伙"。并劝杰克少跟他们打交道。但杰克心里却不同意约翰的看法。

他们吃完早餐后，杰克请约翰在旅店门口等一会儿，自己则向马路对面的那个报亭走去。

杰克面带微笑十分温和地对报亭主人说："先生，对不起，您能不能帮个忙。我是外地人，很想买一份《纽约时报》看看。可是我手头没有零钱，只好用这张10美元的票子。在您正忙的时候，真是给您添麻烦了。"

卖报人一边忙着一边毫不犹豫地把一份报纸递给杰克，说："嗨，拿去吧，方便的时候再给我零钱!"

当约翰看到杰克高兴地拿着"战利品"回来的时候，疑惑不解地问："杰克，你说你也没有零钱，那个家伙怎么把报纸卖给你了?"

杰克真诚地说："你我之间是无话不说的好朋友。我的体会是，如果先理解别人，那么自己就容易被别人理解;如果总让别人先理解自己，那么自己就容易觉得别人不可理解;如果用理解来表达需要，那么自己的需要就容易得到满足。"

我和橘皮的往事

梁晓声

多少年过去了，那张清瘦而严厉的，戴六百度黑边近视镜的女人的脸，仍时时浮现在我眼前，她就是我小学四年级的班主任老师。想起她，也就使我想起了一些关于橘皮的往事……

其实，校办工厂并非是今天的新事物。当年我的小学母校就有校办工厂，不过规模很小罢了。工厂专从民间收集橘皮，烘干了，碾成粉，送到药厂去，所得加工费，用以补充学校的教学经费。

有一天，轮到我和我们班的几名同学，去那小厂房里义务劳动。一名同学问指派我们干活的师傅，橘皮究竟可以治哪几种病？师傅就告诉我们，可以治什么病，尤其对平喘和减缓支气管炎有良效。

我听了暗暗记在心里。我的母亲，每年冬季都被支气管炎所困扰，经常喘做一团，憋红了脸，透不过气来。可是家里穷，母亲舍不得花钱买药，就那么一冬季又一冬季地忍受着，一冬季比一冬季气喘得厉害。看着母亲喘做一团，憋红了脸透不过气来的痛苦样子，我和弟弟妹妹每每心里难受得想哭。我暗想，一麻袋又一麻袋，这么多这么多橘皮，我何不替母亲带回家一点儿呢？

当天，我往兜里偷偷揣了几片干橘皮。

以后，每次义务劳动，我都往兜里偷偷揣几片干橘皮。

母亲喝了一阵子干橘皮泡的水，剧烈喘息的时候，分明地减少了，起码我觉着是那样。我内心里的高兴，真是没法儿形容。母亲自然问过我——从哪儿弄的干橘皮？我撒谎，骗母亲，说是校办工厂的师傅送的。母亲就抚摸我的头，用微笑表达她对她的一个儿子的孝心所感受到的那一份儿欣慰，那是穷孩子们的母亲们普遍的最由衷的也是最大的欣慰啊！

不料，由于一名同学的告发，我成了一个小偷，一个贼。先是在全班同学眼里成了一个小偷，一个贼，后来是在全校同学眼里成了一个小偷，一个贼。

那是特殊的年代。哪怕小到一块橡皮，半截铅笔，只要一旦和"偷"字连起来，也足以构成一个孩子从此无法洗刷掉的耻辱，也足以使一个孩子从此永无自尊可言。每每的，在大人们互相攻讦之时，你会听到这样的话——"你自小就是贼！"——那贼的罪名，却往往仅由于一块橡皮，半截铅笔。那贼的罪名，甚至足以使一个人背负终生。即使往后别人忘了，不再提起了，在他或她的内心里，也是铭刻下了。这一种刻痕，往往扭曲了一个人的一生，改变了一个人的一生，毁灭了一个人的一生……

在学校的操场上，我被迫当众承认自己偷了几次橘皮，当众承认自己是贼。当众，便是当着全校同学的面啊……

　　于是我在班级里，不再是任何一个同学的同学，而是一个贼。我在学校里，仿佛已经不再是一名学生，而仅仅是无可争议的一个贼，一个小偷。

　　我觉得，连我上课举手回答问题，老师似乎都佯装不见，目光故意从我身上一扫而过。

　　我不再有学友了，我处于可怕的孤立之中。我不敢对母亲讲我在学校的遭遇和处境，怕母亲为我而悲伤。

　　当时我的班主任老师，也就是那一位清瘦而严厉的，戴六百度近视镜的中年女教师，她正休产假。

　　她重新给我们上第一堂课的时候，就觉察出了我的异常。

　　放学后她把我叫到了僻静处，而不是教员室里，问我究竟做了什么不光彩的事？

　　我哇地哭了……

　　第二天，她在上课之前说："首先我要讲讲梁绍生（我当年的本名）和橘皮的事。他不是小偷，不是贼，是我吩咐他在义务劳动时，别忘了为老师带一点儿橘皮。老师需要橘皮掺进别的中药治病。你们再认为他是小偷，是贼，那么也把老师看成是小偷，是贼吧。"

　　第三天，当全校同学做课间操时，大喇叭里传出了她的声音。说的是她在课堂上所说的那番话……

　　从此我又是同学的同学，学校的学生，而不再是小偷不再是贼了，从此，我不想死了……

　　我的班主任老师，她以前对我从不曾偏爱过，以后也不曾。在她眼里，以前和以后，我都只不过是她的四十几名学生中的一个，最普通最寻常的一个。

　　但是，从此，在我心目中，她不再是一位普通的老师了，尽管依然像以前那么严厉，依然戴六百度的近视镜。

　　在"文革"中，那时我已是中学生了，没给任何一位老师贴过大字报。我常想，这也许和我永远忘不了我的小学班主任老师有某种关系。没有她，我不太可能成为作家。也许我的人生轨迹将彻底地被扭曲、改变，也许我真的会变成一个贼，以我的堕落报复社会，也许，我早已自杀了……

　　以后我受过许多险恶的伤害，但她使我永远相信，生活中不只有坏人，像她那样的好人是确实存在的，因此，我应永远保持对生活的真诚热爱。

新加坡的免费 "千人宴"

〔新加坡〕 陈咏娟

在新加坡有个"大食堂"叫居士林，一年 365 天都为大众提供免费素食，七十多年来风雨无阻。"千人宴"成了新加坡一道独特的景观。新加坡前总理吴作栋说："这样才更好。"

世界上真的有免费午餐吗，还是新加坡人爱贪小便宜？其实这里面包含着新加坡人的慈悲心怀。居士林从某种程度上说，不只是一个地方，它已成为新加坡人的一种人道主义精神的象征。

居士林始于 1934 年，是由道阶老和尚、转道老和尚和多名居士发起建立的。1961 年，居士林一度成了无家可归者的避难所。那年的 5 月 25 日下午，河水山发生大火，烈焰狂烧了足足 8 个小时。这场新加坡开埠一百多年来罕见的严重火灾，让很多人失去了家园，一夜之间他们变得一无所有——没有一瓦遮头，没有吃的，没有地方睡，便跑到居士林来求助。居士林来者不拒，全都收留。那一段时间，居士林变成了灾民们的栖身之所，他们无论吃、住都在居士林。居士林也一直收留他们，直到这些无家可归的难民找到新的住处为止。七十多年来，居士林不断扩建，颇具规模，既礼请法师登台讲经，又揽余秋雨等著名作家演讲，并举办种族宗教座谈会，还邀请中国北京大学教授与新加坡专家学者一同主持"东南亚文化研讨会"。

居士林根本没有门，任你自由进入。居士林入口处有副对联：空门不必关，净地何须扫。每天供应正餐十多道菜，两餐甜汤点心，还备有大量面包和咖啡，三更半夜也可以自己动手。如此共同供养，普遍结缘。

居士林林长李木源爽快地说："为什么要有门呢？你要吃多少就有多少，我们这里来者不拒，学生因经济困难跑来这里用餐，的士司机晚上来装一瓶咖啡、拿几粒水果都无所谓。"

一到周末，厨房更加忙得不可开交，一日三餐，总计有 500 人到 6000 人前来吃饭。李木源说："我们每天都准备了早餐、午餐、午茶和晚餐，为民众提供免费素食。不管是特地来信佛，还是路经此地，想吃点东西、喝杯茶水，我们都非常欢迎。近年因为经济不景气，很多人失业，没有工作，没有收入，就到我们这里吃饭。另外，一些劳工和处境不佳的人，也来这里解决三餐。我们相信，这在一定程度上也有助于防范罪案的发生。我们这里不分贫富贵贱，不分宗教种族，一律招待。有些在附近工作的上班族，因为想吃素，就到这里吃一餐；有的的士司机，开车累了，便到我们这里休息，喝喝糖水，我们一样欢迎。"

民众究竟会吃掉居士林多少白米和蔬菜？"千人宴"每天平均要吃掉 200 公斤的米粮，200 公斤至 300 公斤的蔬菜和水果，消耗量相当惊人。每天供人如此吃喝，金山银山也会吃尽吧？李木源却笑着表示，居士林完全不必担心粮食吃光的问题。"很多时候我们根本不必买米买菜，许多善心人士知道我们天天为大众提供免费素食后，都主动自发，无限量地送米粮、蔬菜和食用油到居士林来。有的是一车一车地载来，有的是全家大小，人手一袋米，拎着来。我们见了，更是感动。"好心有目共睹，自有人助。像居士林大开方便之门救济贫老，一路无求付出，八方回报更多！

李木源欣慰地说："不少人就因为一餐素食而能更深切地体悟到包容心、慈悲心和平等心呢！"

天天准备"千人宴"也不是一件简单的事。居士林有 4 位厨师和上百位"厨房助理"，他们每天负责烹煮供"千人宴"用的素餐，他们都是居士林的义工。居士林目前共有 1500 多位义务工作者，他们来自社会各阶层，有律师、医生、画家和会计师等，大家都把为大众服务视为一大善事，因此再苦再累也毫无怨言。

曲玉管·陇首云飞

〔宋〕柳 永

陇首云飞，江边日晚，烟波满目凭阑久。
立望关河萧索，千里清秋。忍凝眸。
杳杳神京，盈盈仙子，别来锦字终难偶。
断雁无凭，冉冉飞下汀洲。思悠悠。
暗想当初，有多少、幽欢佳会，
岂知聚散难期，翻成雨恨云愁。
阻追游。每登山临水，惹起平生心事，
一场消黯，永日无言，却下层楼。

【译文】

山岭之上，黄昏的云彩纷飞，晚上江边，暮霭沉沉。眼前是一片烟波万里，我凭栏久久望去，只见山河是那么清冷萧条，清秋处处凄凉，让人心中不忍难受。

在那遥远的洛阳，有一位盈盈的如仙佳人。自从分手以来，再也没有她的音信，令我思念悠悠。我望断南飞的大雁，也未等来任何的音信，只能使我的愁思更长。

回想当初有多少相见的美好时光，谁知聚散不由人，当时的欢乐，反变成今日的无限愁怨。千里之外我们无从相见，只有彼此思念。每当我又见山水美景，都会勾起我的回忆，只好默默无语，独自下楼去。

【赏析】

"曲玉管"即词谱，原唐教坊曲名，后用为词调之称。双调，上片十二句，押六平韵，五十六字；下片十句，押三平韵，四十九字。共一百零五字。《乐章集》入"大石调"。前片两仄韵，四平韵，同部互押，后片三平韵。此词抒写了羁旅途中的怀旧伤离情绪。词的第一片写眼前所见，第二片写所思之人，又将此平列的两段情景交织起来，使其成为有内在联系的双头。

此词的第一片写眼前所见之景，"陇首"三句，化用梁代诗人柳恽的名句"亭皋木叶下，陇首秋云飞"，这又是对词人眼前景物的描绘。"陇首"三句，是当前景物和情况。"云飞"、"日晚"，隐含下文"凭阑久"。"亭皋木叶下，陇首秋云飞"。陇首，犹言山头。云、日、烟波，皆凭阑所见，而有远近之分。"一望"是一眼望过去，由近及远，由实而虚，千里关河，可见而不尽可见，逼出"忍凝眸"三字，极写对景怀人、不堪久望之意。此段五句都是写景，用"忍凝眸"三字，便将内心活动全部贯注到上文所写景物之中，做到了情景交融。

第二片写所思之人，在写法上反过来，先写情，后写景。"杳杳"三句，接续"忍凝眸"而来。"杳杳神京"，写所思之人远在汴京；"盈盈仙子"，则透露了所思之人的身份。唐人诗中习惯上以仙女作为美女之代称，一般用来指娼妓或女道士。词人所思之人可能是汴京的一位歌伎。"锦字"化用窦滔、苏蕙夫妻之典。作者和这位"仙子"，虽非正式夫妻，但其落第而出京，与窦滔之获罪远徙，有些近似之故。此句是说，"仙子"虽想寄与锦字，而终难相会。鸿雁本可传书，而说"断"，说"无凭"，则是它终不曾负担起它的任务。雁给人传书，无非是个传说或比喻，而雁"冉冉飞下汀洲"，则是眼前实事。由虚而实，体现出既得不着信又见不了面的惆怅心情。"思悠悠"三字，总结了第二片之意，与第一片"忍凝眸"遥相呼应，而更深入一层。

第三片忆旧欢，诉说今日愁苦。词人就第二片中"思悠悠"而来，是"思悠悠"的铺叙。当日之惆怅，实缘于旧日之欢情，所以"暗想"四句，便概括往事，写其先相爱，后相离，既相离，难再见的愁恨心情。"阻追游"三字，横插在上面四句下面五句的中间，包括了多少难以言说的辛酸。回到当前之时，却又荡开一笔，平叙之中，略作波折，指出这种"忍凝眸"、"思悠悠"的情状，并不是这一次，而是许多次，每次"登山临水"就"惹起平生心事"。这回依然如此，"黯然消魂"的心情之下，长久无话可说，走下楼来。从写作的角度来说，"却下层楼"一句照应了"凭阑久"，不但使全词从头到尾形成整体，而且增强了情感的表达效果。

在艺术上，结构井然，一脉贯通；其次，典故的运用，含蓄深沉；再次，前后照应，增强情感。

管好你的身体

〔美〕迈克尔·F·罗伊米思瑞译

如果把你身体比作一个家，那么你的骨骼就是支撑你家的房屋的框架，你的肺是通风系统，大脑是保险丝盒，肠子是管道系统，你的嘴便是食物处理机。

你的心脏将成为供水中枢，你的体毛是草地，尽管有的人长的"草"多，有的人长的"草"少。你身上过多的脂肪就好像是堆在储藏室的废物，是被你的配偶天天唠叨着要丢出去的垃圾。

这个家中如果灯泡坏了，你不用去请电工；管道稍有堵塞也不用麻烦管道工。只要认真学习，你将成为你自己身体的专家。以下的介绍能使你更好地了解自己的身体。

用身体的平衡能力来评价你的大脑。你的平衡感觉是脑力强弱的一个标志，平衡能力是可以锻炼出来的。如果你年过45岁还能闭眼单腿站立20秒以上不倒，你的脑力则非常棒。你还可以用哑铃来发展你对平衡的本体感觉，这是一种身体定向的组合动作，可帮助实现平衡并刺激神经通道，可是举重器械就达不到这一目的，因其重量总是固定在一个位置上。

足够多的研究表明，每天喝少量咖啡会有效地减少患帕金森氏症或老年痴呆症的风险。尽管原因尚不详知，但咖啡因的作用是显著的。咖啡、茶和无酒精饮料均含咖啡因，但对于某些人，过量的咖啡因反倒有害健康。

大约有一半的心脏病患者从未感觉到任何征兆，因而没意识到自己患上了心脏病。心脏病最通常的征兆是：胸闷，身体上部不适，出冷汗，恶心，突然极度疲倦。

为什么有些人心脏病发作时右臂很痛，而心脏所在的左侧手臂则不痛？这是因为心脏的神经并不直接感知疼痛。当心脏有毛病时，心脏在神经信号的处理上就不稳定，因此在神经信号经过脊椎时会使其他神经短路，造成手臂痛，或胸部、口腭不适。如果信号不经过脊椎，你便会对心脏毛病无感觉。

有人喜欢弯曲指关节发出噼啦爆响，这会导致关节炎吗？不会，当你弯曲手指时，指关节错动，所排挤的高压气体摩擦发生噼啦声，它不会造成伤害，但注意不要使关节产生痛感。

一般男性比女性更能喝酒，这与男性的豪爽逞强无关，主要是男性具有的酶能在酒精进入血液之前便将其化解，而女性肠壁所含的酶没有男性多。此外，女性体内的水分少于男性，定点减肥方案不可行。比如你有"将军肚"，或大腿积聚的脂肪过多，那么只做仰卧起坐或下蹲运动是无法减肥的，因为减肥是一项全身性的协调运动。请注意一下已经减肥成功的人，你最先发现他的哪一部位有了变化？是脸面。可是我们并没有见到有人在健身房专做脸部活动，这说明身体能统一指挥燃烧各处的脂肪。

如果你想在某一部位练就发达的肌肉，可以通过健身计划使肌肉美观、结实。但要想使某一部位脂肪消除，必须要通过整体的有氧运动计划，坚持锻炼和饮食控制热量。

激素能控制人的情绪吗？实际上情况正好相反，是情绪通过大脑中的生物化学反应来控制人的激素。比如与恐惧相伴的是一组大脑化学产物，它们使人警觉并做好逃离的准备。此外，喜悦的情绪会触发大脑释放出令人安慰和镇静的化学物质。紧张会造成持续释放应激激素，它会操作大脑中管学习的记忆的关键部位——海马体。

怎样补充维生素最合理？一般可以服用药丸，但决不可用药丸来代替蔬菜和水果。食物除有生化意义外还为人提供能量。单靠一种营养物是不可能防癌抗心脏病的，必须是各种食物成分的组合才能完成防病治病的任务。自然为我们提供的食物完全能保证人的健康，因此食物治疗将是医学研究的下一个前沿课题。

"快事"的内涵

张小失

诺贝尔物理学奖获得者费曼教授被誉为"科学顽童"，是一个相当有趣的人。有一年他去巴西讲学，住在一家高级宾馆，结识了当地一支桑巴乐队。没事的时候，费曼便偷偷找他们学习打鼓。

乐队的人只知道费曼来自美国，而且以前有过业余打鼓的经验，便接纳了他。费曼练习得相当卖力，但是经过一段时间，他还是没有打出巴西嘉年华的味道，有人认为他的技术并不过关，因为他没有按部就班地重现某种传统，有的时候喜欢按照自己的创意去发挥。到了准备参加狂欢游行演出的前几天，乐队被叫去接受"检验"，费曼打鼓的"创新"味道居然受到欣赏，于是他被准许参加演出。

宾馆里的服务员对费曼是熟悉的，但嘉年华举行的那天，看见费曼穿着乐队的衣服经过宾馆门前，还是大吃一惊："那是教授！"为此，费曼得意许久。

中年的费曼又对绘画产生了浓厚兴趣，熟人们都不赞成他不务正业，认为搞理论物理的人不可能在绘画艺术上有什么收获。但是费曼兴之所至，跑到美术培训班与年轻人一起画模特儿，当时他是成绩最差的一个。断断续续地学了几年，费曼大有进步，但他并没有对此抱很大期望，只是觉得快乐罢了。一次有人在学院里面办画展，费曼也送上两幅自己的作品，不料被一位女士看中，买回去给丈夫做了生日礼物。费曼知道后，比获得诺贝尔奖还兴奋。

费曼曾经说过：在别人认为你不可能做好的事情上获得成功，真是快事！这句话让人鼓舞，它指出了人生与奋斗都具有游戏性质的一面，"不可能"在这句话里面似乎蕴涵着浓厚的趣味。而整个人类的进步，也是在不断地克服各种各样的"不可能"。

高棉的微笑

赵 洁

有一种力量穿越时空，穿越国界，穿越天地万物，只留在心中。

那是一种历尽劫难的力量，残缺而忧郁；那是一种无可退缩的力量，宁静而恒远。所有的眼泪，所有的悲苦，所有的希望和渴求，都化成一种雍容而安静的力量，直达心扉。

这就是吴哥，这就是高棉的微笑。

在柬埔寨行走，你享受的不是风景秀丽带来的心旷神怡，而是这片土地总是压抑着你心中的每一根神经。那些苦难深重，皱纹纵横的脸；那些失去了双腿坐在路边等待施舍的眼神；那些古老的，残破的，伤痕累累却又无可奈何地张扬美丽的奇迹，还有那刹那间卷走了光明与梦想的巴肯山落日，无时无刻不在震撼着你心灵。于是，这一程本该快乐享受的旅行变得沉重而凝滞。

然后我看到了她。

她就那么坦荡地微笑着，小小的脸庞纯净而唯美，像是从来没有经历过一丝污染，又像是把人间的所有苦难看穿。一点点的腼腆，一丝丝的羞涩，心中有许多事眼里却闪着无限的希望。小小的心灵经历了什么，又忍受着什么？是什么样的力量，让她如此沉静，如此忧伤，却又如此美丽而纯粹地微笑着。

那一刻，我的心随之安静下来。

我终于明白，为什么在这片战火浴血，苦难深重的土地上，还是能创造出高棉的微笑这样伟大的奇迹。52尊佛塔，每一尊都在微笑，每个微笑都不一样：有的笑得含蓄，有的笑得开朗，有的笑得忧郁，有的笑得神秘。只不过，每一尊，都斑斑驳驳，镌刻着岁月的痕迹，但每一个微笑，都那么美丽纯净，动人心魄，都让你的心在刹那间停止一切躁动，变得安静而深远。

战火，死亡，贫穷，疾病，所有的苦难和险阻，都挡不住那丛林深处每天清晨的太阳洒在那一尊尊神秘而动人的脸庞上。那一刻，微笑穿过千载的时空，反射到一个普普通通的孩子的脸上，让我看到。我相信，那一刻，她是在借这张脸告诉我：微笑吧，不管过去经历过什么，也不论未来等待着的是什么。只要你还在微笑，这个世界回报你的，就一定是微笑。

微笑，就是在地狱，也是盛开的莲花。

停下瞧一瞧

〔美〕J.K.莱吉曼

有人问海伦·凯勒，人生最不幸的是什么？她答："有眼睛却看不见。"

一天晚上，我看电视时又想起了她的话，当时摄影家恩斯特·哈斯正表演着艺术家看东西的技巧，目的是为了把世界表现得更有看头。他运用的是个简单"框架"——世界太大了，没法一下子全都看在眼里，得选择性地看个局部，遮掩多余部分，一如摄影家从取景器里向外窥视。简而言之，用框框看。

我走访哈斯的工作室，观看墙上的作品，其形式、图案、结构等都生动有趣，取材于极寻常的事物，大部分作品是他在纽约街头漫步时拍摄的。

"无论你去哪里，四周都有画面。"他说，"关键是认识他们，瞧！"他把一张纸揉皱，扔在地上。我只见到一团糟，可当哈斯用一个硬纸做的黑方框放在上面时，我看见一个光和影组成的有趣图案。

我们来到大街上。起先什么也没引起我的注意，可当我用纸框看周围时，一幅幅图画跃现眼前。人行道上涓滴的油漆形成一个令人心动的流畅自由图案。在孩子们涂抹的旧墙上，我框出一幅如同远古时代穴居人的图画。

体会思维上的抓拍不需照相机，什么也不需要。只需去看、去观察、有欣赏的意愿。况且，"取景器"大小皆可。有的时候，看小东西也挺有趣。你是否凝视过百合花的花蕊？在你吃香蕉时是否细看过香蕉籽的排列状况？艺术家威廉·布雷克说："从一颗沙粒里看世界，从一朵野花里见天国。"可见，他并没夸大其词。

要想看清小东西，不妨随身携带一个放大镜。我和罗伯特·麦克艾弗在乡间散步时，他便带着这么一个放大镜。他用放大镜来发现树叶、卵石、贝壳、蘑菇、羽毛及种子的未知图案、形状和色彩。他说放大镜"神奇地拓展了奇景秀色"。我们走向海滨，我抓起一把湿沙，用放大镜观察时，看到了从未注意过的东西：每粒沙子都被薄薄地涂上了一层水，相互之间实际上并不接触碰撞！我同伴解释说："这就是为什么尽管沙粒受到汹涌波涛的连续猛击，可它们却永远不会改变和不被研成粉末的缘故。"

我们只看想看的东西，却不去注意实际存在着的世界。我们每天端镜自视，肯定镜中的映像与脸盘大小相等，但你若蘸点皂液将镜中映像的轮廓描摹下来，你会发现这椭圆形只有你脸的一半大小。你随意后退几步对镜自视，镜中的形象依然与你刚才画的那个椭圆形相吻合。

画家莫里斯·斯特恩说："我并不一味教导我的学生画模特儿，而是试图教他们去看。因为观察力才造就艺术。"

歇洛克·福尔摩斯何以能使我们倾倒？原因之一就是他使我们对细枝末节的感觉变得敏锐。他注意到华生医生穿的那双擦得不干净的靴子，便得出结论：他曾在乡间道上走过，而且他有个粗枝大叶的女佣人。福尔摩斯猜出一个谋杀者的身高一定超过 6 英尺，因为这个谋杀者用血在墙上写了几个字，而这些字的高度离地面是 6 英尺。因为"当一个人在墙上书写时，本能驱使他会在位于眼睛高度的地方写字"。

温斯顿·丘吉尔也是个能手，他常为自己明察秋毫的天赋而自豪，他在视察斯卡帕佛海军基地时，紧盯住那些用来迷惑德军轰炸机而停泊在港口的假军舰和假航空母舰。突然，他转向自己的侍卫说道："这些假货有问题，四周没有一只海鸥，敌军飞机马上就会发现真情。"他下令扔些食物在周围以吸引海鸥。

使得那些训练有素的观察者更加敏锐地观察，并且保留住他所见东西的印象的一个简单技巧便是回头再看看：首先得形成一个初次印象，然后用再看一遍的方法来验证他那个初次印象。有家生意兴隆的餐馆，衣帽间里的姑娘全凭她们的记忆力看，只需"两次观看每一位顾客"，便能不出差错。你不妨试一试，你将会为第二次所发现的细节深感惊奇。瞄一眼 1 元钱的票面，闭上眼睛想象一番，你觉得有许多细节吃不准。现在睁开眼睛再看一次，然后再闭目思忖，你是否觉得自己对该票面细微图案的了解增多了？

作家卡尔·凡·多伦在康涅狄格州避暑时，访问过一个地道的美国农夫，他隐居在树木繁茂的山坡的一间棚屋里，是个半盲人。"你能见到云的阴影朝我们飘来吗？"农夫问道，"你若抬头观望的话，你将见到这些阴影如何使山谷一直变化着。有时云的阴影非常从容缓慢，今天它们移动起来如同一阵风。它们是我观赏的运动着的绘画。"

凡·多伦说："当我抬头观望时，又一片阴影越过了山脊，沿着长长的山坡滚动漂流，将一排排枫树染成墨绿色，阴影扫遍沼泽和草地，使其变得干涸深沉，最后从我们头顶掠过，犹如瑟瑟作响的风声。我屏息静气，心驰神往。如此的云层阴影想必整个下午从我们头顶上飘然而过，可我却木然无知。一个连近旁东西都看不清的安详老者，却能看见那么多令人耳目一新的大自然的壮观奇景。"

以个人的独特方式观察世界之不可思议的力量，形成了艺术家自己的风格，正是恩斯特·哈斯所说的"睁开双眼想象"的结果。这也是所有极为有用的观察能力之一，孩子们用来得心应手。"噢，瞧，妈妈，沟里有条彩虹。"一个小姑娘告诉她的母亲，而她的母亲也许只见到一摊污油浮在水面。

人人都具备"睁开双眼想象"的能力。但随着年龄的增长，我们都抑制了它的发展，担心被人讥为与众不同。我们得把这些担心抛开，去看看四周的美。

有道是，"眼见为实"，不如说"眼见为生"。越是不断学习如何生动地观看，生活越是丰富多彩。

致布特列尔上尉

〔法〕雨果

先生，您征求我对远征中国的意见。您认为这次远征是体面的，出色的。多谢您对我的想法予以重视。在您看来，打着维多利亚女王和拿破仑皇帝双重旗号对中国的远征，是由法国和英国共同分享的光荣，而您想知道，我对英法的这个胜利会给予多少赞誉？

既然您想了解我的看法，那就请往下读吧：

在世界的某个角落，有一个世界奇迹。这个奇迹叫圆明园。艺术有两个来源，一是理想，理想产生欧洲艺术；一是幻想，幻想产生东方艺术。圆明园在幻想艺术中的地位就如同巴特农神庙在理想艺术中的地位。

一个几乎是超人的民族的想象力所能产生的成就尽在于此。和巴特农神庙不一样，这不是一件稀有的、独一无二的作品；这是幻想的某种规模巨大的典范，如果幻想能有一个典范的话。请您想象有一座言语无法形容的建筑，某种恍若月宫的建筑，这就是圆明园。请您用大理石，用玉石，用青铜，用瓷器建造一个梦，用雪松做它的屋架，给它上上下下缀满宝石，披上绸缎，这儿盖神殿，那儿建后宫，造城楼，里面放上神像，放上异兽，饰以琉璃，饰以珐琅，饰以黄金，施以脂粉，请同是诗人的建筑师建造一千零一夜的一千零一个梦，再添上一座座花园，一方方水池，一眼眼喷泉，加上成群的天鹅、朱鹭和孔雀，总而言之，请假设人类幻想的某种令人眼花缭乱的洞府，其外貌是神庙，是宫殿，那就是这座名园。为了创建圆明园，曾经耗费了两代人的长期劳动。这座大得犹如一座城市的建筑物是世世代代的结晶，为谁而建？为了各国人民。因为，岁月创造的一切都是属于人类的。过去的艺术家，诗人，哲学家都知道圆明园；伏尔泰就谈起过圆明园。人们常说：希腊有巴特农神庙，埃及有金字塔，罗马有斗兽场，巴黎有圣母院，而东方有圆明园。要是说，大家没有看见过它，但大家梦见过它。这是某种令人惊骇而不知名的杰作，在不可名状的晨曦中依稀可见，宛如在欧洲文明的地平线上瞥见的亚洲文明的剪影。

这个奇迹已经消失了。

有一天，两个强盗闯进了圆明园。一个强盗洗劫，另一个强盗放火。似乎得胜之后，便可以动手行窃了。对圆明园进行了大规模的劫掠，赃物由两个胜利者均分。我们看到，这整个事件还与额尔金①的名字有关，这名字又使人不能不忆起巴特农神庙，从前对巴特农神庙怎么干，现在对圆明园也怎么干，只是更彻底，更漂亮，以至于荡然无存。我们所

---

① 额尔金：17世纪中叶之前的苏格兰是一个独立的王国。1633年6月，这个王国设立"埃尔金伯爵"贵族封号，并将其颁赏给声名显赫的布鲁斯家族。苏格兰1654年并入英国之后，这一封号保留下来。370多年来，布鲁斯家族承袭这一封号的共有11人，其中广为人知者，一是劫掠希腊帕特农神庙的第七代传人托马斯·布鲁斯，二是火烧中国圆明园的第八代传人詹姆斯·布鲁斯。

有的大教堂的财宝加在一起，也许还抵不上东方这座了不起的富丽堂皇的博物馆。那儿不仅仅有艺术珍品，还有大堆的金银制品。丰功伟绩！收获巨大！两个胜利者，一个塞满了腰包，这是看得见的，另一个装满了箱箧。他们手挽手，笑嘻嘻地回到了欧洲。这就是这两个强盗的故事。

我们欧洲人是文明人，中国人在我们眼中是野蛮人。这就是文明对野蛮所干的事情。

将受到历史制裁的这两个强盗，一个叫法兰西，另一个叫英吉利。不过，我要抗议，感谢您给了我这样一个抗议的机会！治人者的罪行不是治于人者的过错；政府有时会是强盗而人民永远也不会是强盗。

法兰西帝国吞下了这次胜利的一半赃物，今天，帝国居然还天真地以为自己就是真正的物主，把圆明园富丽堂皇的破烂拿来展出。我希望有朝一日，解放了的干干净净的法兰西会把这份战利品归还给被掠夺的中国。

现在，我证实，发生了一次偷窃，有两名窃贼。

先生，以上就是我对远征中国的全部赞誉。

咏史·郁郁涧底松

〔西晋〕左思

郁郁涧底松，离离山上苗。
以彼径寸茎，荫此百尺条。
世胄（zhòu）①蹑高位，英俊沉下僚。
地势使之然，由来非一朝。
金张藉旧业，七叶珥（ěr）汉貂②。
冯公岂不伟，白首不见招。

【译文】

茂盛的松树生长在山涧底，风中低垂摇摆着的小苗生长在山头上。

（由于生长的地势高低不同）凭它径寸之苗，却能遮盖百尺之松。

贵族世家的子弟能登上高位获得权势，有才能的人却埋没在低级职位中。

这是所处的地位不同使他们这样的，这种情况由来已久，并非一朝一夕造成的。

汉代金日磾和张安世二家就是依靠了祖上的遗业，子孙七代做了高官。

汉文帝时的冯唐难道还不算是个奇伟的人才吗？可就因为出身微寒，白头发了仍不被重用。

【赏析】

这首诗写在门阀制度下，有才能的人，因为出身寒微而受到压抑，不管有无才能的世家大族子弟占据要位，造成"上品无寒门，下品无势族"（《晋书·刘毅传》）的不平现象。"郁郁涧底松"四句，以比兴手法表现了当时人间的不平。以"涧底松"比喻出身寒微的士人，以"山上苗"比喻世家大族子弟。仅有一寸粗的山上树苗竟然遮盖了涧底百尺长的大树，从表面看来，写的是自然景象，实际上诗人借此隐喻人间的不平，包含了特定的社会内容。形象鲜明，表现含蓄。中国古典诗歌常以松喻人，在此诗之前，如刘桢的《赠从弟》；在此诗之后，如吴均的《赠王桂阳》，皆以松喻人的高尚品格，其内涵是十分丰富的。

"世胄蹑高位"四句，写当时的世家大族子弟占据高官之位，而出身寒微的士人却沉没在低下的官职上。这种现象就好像"涧底松"和"山上苗"一样，是地势使他们如此，由来已久，不是一朝一夕的事。至此，诗歌由隐至显，比较明朗。这里，以形象的语言，有力地揭露了门阀制度所造成的不合理现象。从历史上看，门阀制度在东汉末年已经有所发展，至曹魏推行"九品中正制"，对门阀统治起了巩固作用。西晋时期，由于"九品中正制"的继续实行，门阀统治有了进一步的加强，其弊病也日益明显。

---

① 胄：帝王或贵族的子孙：贵胄。胄裔。
② 珥汉貂：汉代侍中官员的帽子上插貂鼠尾作装饰。

段灼说："今台阁选举，涂塞耳目；九品访人，唯问中正，故据上品者，非公侯之子孙，即当涂之昆弟也，二者苟然，则荜门蓬户之俊，安得不有陆沉者哉！"（《晋书·段灼传》）当时朝廷用人，只据中正品第，结果，上品皆显贵之子弟，寒门贫士仕途堵塞。刘毅的有名的《八损疏》则严厉地谴责中正不公："今之中正不精才实，务依党利；不均称尺，务随爱憎。所欲与者，获虚以成誉，所欲下者，吹毛以求疵，高下逐强弱，是非由爱憎。随世兴衰，不顾才实，衰则削下，兴则扶上，一人之身，旬日异状，或以货赂自通，或以计协登进，附托者必达，守道者困悴，无报于身，必见割夺；有私于己，必得其欲。是以上品无寒门，下品无势族。暨时有之，皆曲有故，慢主罔时，实为乱源，损政之道一也。"（《晋书·刘毅传》）这些言论都反映了当时用人方面的腐败现象。左思此诗从自身的遭遇出发，对时弊进行了猛烈的抨击，具有重要的政治意义。

"金张藉旧业"四句，紧承"由来非一朝"。内容由一般而至个别，更为具体。金，指金日磾家族。据《汉书·金日磾传》载，汉武帝、昭帝、宣帝、元帝、成帝、哀帝、平帝七代，金家都有内侍。张，指张汤家族。据《汉书·张汤传》载，自汉宣帝、元帝以来，张家为侍中、中常侍、诸曹散骑、列校尉者凡十余人。"功臣之世，唯有金氏、张氏，亲近宠贵，比于外戚"。这是一方面。另一方面是冯公，即冯唐。他是汉文帝时人，很有才能，可是年老而只做到中郎署长这样的小官。这里以对比的方法，表现"世胄蹑高位，英俊沉下僚"的具体内容。并且，紧扣《咏史》这一诗题。何焯早就点破，左思《咏史》，实际上是咏怀。诗人只是借历史以抒发自己的怀抱，对不合理的社会现象进行无情的揭露和抨击而已。

这首诗哪里只是"金张藉旧业"四句用对比手法，通首皆用对比，所以表现得十分鲜明生动。加上内容由隐至显，一层比一层具体，具有良好的艺术效果。

艺术不是"玻璃门"

段奇清

李云迪 1982 年出生于重庆，从事舞蹈艺术的妈妈张小鲁发现了儿子的音乐天赋，4 岁时李云迪就开始学习手风琴。7 岁时，他转向钢琴的学习。在妈妈的精心培养教育下，他的学习一直都非常刻苦，每天都要练习钢琴，一旦坐在钢琴前就如同着了迷一样，不到妈妈反复催促他休息，他就是停不下来。

人们都说他是音乐奇才，因为在求学期间就斩获了无数国内外的钢琴大奖。2000 年，在他 18 岁那年，就获得有"钢琴奥运"之称的第四届华沙肖邦钢琴比赛第一名，赢得"中国的肖邦"的赞誉。

少年成名后，他一发不可收拾。次年，他与全球最大的古典音乐唱片公司德国 DG 公司签约，成为与之首位签约的中国人。当年 5 月，通过层层选拔，李云迪又成为"影响 21 世纪中国的 100 个青年人物"之一。随后，他在国内外多次成功举办独奏音乐会。

然而，各种各样的荣誉让李云迪的心态发生了很大的变化，巨大的光环使得他有些迷失自我了。一天，妈妈见他用的是香奈儿，背的是 LV 包，戴着劳力士手表，就说："云迪，有人说你快玩物丧志了，你可要注意哟！"

李云迪却不以为然地说："我要的可不仅仅是名牌，我更看重的是那些名牌的底蕴。国外这些名牌之所以能有这么大的名气，实际上都因为它们有着深厚的文化底蕴和背景，把每一件产品当成艺术品来打造。人们不总说艺术是相通的吗？我使用它们就要在潜移默化中让自己的精神境界得到提升。"

李云迪的精神境界从中并没有得到提升，而是坠入孤芳自赏，以致自恋泥淖中。他认为自己已经成了真正的钢琴大师，除了巡演，不再理会任何事，完全沉浸在自己的世界里。并且美其名曰自己是在积累。

妈妈知道儿子已误入歧路，但一时又不知道怎样去说服他。然而，她终于找到了说服儿子的突破口。

那年秋天，一天，突然刮起了大风，气温骤降，张小鲁要为在训练室的儿子送衣服。可儿子并不在训练室，她给儿子打电话，电话中李云迪告诉妈妈，自己和一位朋友在一家茶馆喝茶，切磋技艺。张小鲁到了他所说的茶馆，见妈妈去了，他赶紧起身迎接妈妈，却只听"砰"的一声，李云迪的头碰在了门上，原来那是一扇玻璃门。

妈妈很心疼儿子，可突然她心间不禁一动。回到训练室，妈妈说："云迪，刚才我仔细想了，你现在的情况就像在紧闭着玻璃门的房间里一样，人们虽说能看见你，可你却拒人于门外。"见儿子若有所思，张小鲁又说："你总说你依然要积累，你想过没有，哪怕你的艺术修养再高，但你不能进入大众的心间，人们不能听到你的演奏，你这种修养又有什么意义呢？"

　　听了妈妈的话后，李云迪整整三天都把自己关在房间里，母亲的话在他脑海里不停闪现，他对所谓的提升修养第一次有了怀疑。第四天，当张小鲁再见到儿了时，李云迪神采飞扬地说："妈妈，我想明白了，以前我一直沉浸在自己的世界里，认为这样才是全身心地投入。但我错了，音乐不属于哪一个人的，是属于所有人的，只要有人的地方，就会有音乐，就会有艺术。现在我要做的，就是砸碎这块'玻璃门'，置身广大的观众之间。"说到这，他深深向妈妈鞠了一躬，说，"谢谢妈妈！"

　　李云迪从此像换了一个人一样，从 2010 年到 2011 年的两年里，李云迪一心扑在了演出中，在与 DG 公司解约多年后，他又与古典音乐唱片品牌 EMI 公司签约，并录制发行了《肖邦夜曲全集》。

　　2011 年 3 月 1 日，在波兰华沙国家大剧院肖邦诞辰音乐会上，李云迪担纲这场音乐会的演出，并被波兰授予第一本肖邦护照。

　　2012 年央视春晚上，李云迪更是一改以往浪漫含蓄的演奏风格，与著名歌手王力宏演绎了一曲激情澎湃的《金蛇狂舞》。这次演奏不禁让人们想起了当今最受人热捧的钢琴手郎朗。人们说，李云迪一度领先郎朗，尔后被郎朗远远甩在了后面，如今他又能与郎朗并驾齐驱了。这让李云迪的妈妈好不欣慰。

　　艺术是让人认识的，艺术不是"玻璃门"，而是"舞台门"，一个钢琴家只有将自己美妙娴熟的琴声献给最广大的观众，其艺术才真正拥有巨大的生命力。

绕开上帝

祁文斌

他出身贫寒，其父是一名电气工程师，但常常找不到工作。迫于生计，父亲拖着妻儿搬了十几次家。他12岁时，父母离婚了，他与5个姐妹跟随母亲生活，成了家中唯一的"男子汉"。

由于频繁搬家，他不断变换学校，学习成绩非常糟糕，这不仅因为他是个左撇子，却不得不用右手写字，以致字都写颠倒了，还因为他患有阅读障碍症，使他学习起来非常吃力，学过的东西又很难记住。尤其糟糕的是，他的病症在很长一段时间里没被察觉，后来才被母亲发现。于是，他被转到专为智力低下的孩子开设的"特教班"。因为这些，他很自卑，常常低着头，沉默寡言。

自忖（cǔn）体格健壮，他曾打算做一名职业摔跤运动员，但一次意外的膝盖受伤使他不得不放弃这个想法。此后，他在修道院里静养了一年。

上中学时，他突然发觉自己爱上了电影，醉心于银幕上演员们投入的表演。他对母亲和继父说，你们看着吧，我要在10年内成为一名出色的演员！在家人看来，这只是"戏言"，没人指望他能成为明星。

读高中时，他开始尝试演一些戏剧，后来还辍学去了纽约。在纽约，他每天以面包充饥，寻找每一个试镜的机会，但导演们认为他皮肤太黑，不够英俊，表演时"热情得过了头"。

1981年，他来到洛杉矶，获得一部情景剧中一个一闪即逝的小角色——没有一分钱片酬的角色。

1983年，他出演了4部电影，在其中一部影片中担任主角。由于故事情节不佳和他表演的稚嫩，该部影片非常失败。

在一连串挫折中，他不断反思自身的不足，一步步克服和改进。1986年，他在一部描写美国海军战斗机飞行员的影片《壮志凌云》中初获成功，成为一大批美国年轻人心目中的偶像。此后他又相继主演了几部著名影片，成功完成了由"青春偶像"向成熟影星的转型。几年间，他数度问鼎奥斯卡金像奖、美国电影金球奖。

他就是好莱坞影视巨星，被美国《时代周刊》列入"美国伟人"的汤姆·克鲁斯。

克鲁斯的经纪人保罗·瓦格纳说："克鲁斯从许多的迷雾和荆棘中发出光来。他不断绕开上帝设置的障碍，并改变自己。"

绕开掌管命运的上帝，才能最终找到自己。

嘴唇优美，是因为讲了亲切的话

王志文

"如果能把奖牌融化，就融化它，然后做成一个大的，全都献给申雪，因为今天所有的荣誉都属于申雪一个人。"这是赵宏博在一次比赛夺冠后说的话。申雪和赵宏博是一对很著名的双人滑冰运动员，那次比赛，申雪是带着伤痛参加的，而赵宏博在心底里心疼她、呵护她，更加敬佩她，所以顺理成章地说出了善解人意的话，也为后来赵宏博向申雪求婚埋下了"伏笔"。

李雪健因为主演电影《焦裕禄》拿了百花奖，他的得奖感言是：苦和累都让一个好人焦裕禄受了，名和利都让一个傻小子李雪健得了。

我喜欢这些优雅而智慧的话，而不是那些千篇一律的"感谢"。

有一次在车上，我看到前边座位上的一位女士大概是过于困倦，竟不知不觉地靠着同座的一位男士的肩膀睡着了。那位男士不忍惊醒她，就尽量不动，始终挺着身子。突然车子一个刹车，惊醒了女士，她不好意思地对他笑了。男士说的话很绅士，他说他很荣幸，用一个肩膀承载了一个女人的梦。听到他这么说，女士的脸却愈发得红了。男士接着说，如果事情反过来就麻烦了，因为一位女士靠在邻座的男士的肩上睡着了，是故事，而一位男士如果靠在邻座的女士的肩上睡着了，就是事故了。哈！车上很多人都跟着那位女士一起笑了，所有的尴尬在那幽默的气氛里一扫而光。

记得年少时有一次过生日，一个与我同住的家境贫寒的朋友没有礼物送我，就在那个清晨早早起床为我倒了一杯凉开水，他说他没有礼物，但是希望是第一个送我祝福的人。他说他的祝福就像那杯水，纯净透明。那杯水，是我一生中收到的最特殊的生日礼物。经过岁月的验证，我们的友谊是最持久最牢固的，正因为它没有半点杂质。

在人流涌动的大街上，我看到一个女片警费了好大劲儿，累得香汗涔涔，终于制服了一个10多岁的"惯偷"。她一边擦拭汗水一边点着那孩子的头说，想累死姐姐啊，以后可不许再和我玩这捉迷藏的游戏啦！

奥黛丽·赫本说过，若要优美的嘴唇，要讲亲切的话；若要可爱的眼睛，要看到别人的好处；若要苗条的身材，就把你的食物分给饥饿的人；若要美丽的头发，就允许小孩子抚摩；若要优雅的姿态，走路时要记住行人不止你一个。

那些亲切的话说得真好，像一串串珍珠，串成了最美丽的项链，戴在人的脖颈上，耀眼夺目；像一粒粒音符，谱出了最动人的旋律，悬在人的心头，余音袅袅……

不得不碰的伤痛

何 炅

生命中有些伤处，你不去碰它，你永远不会知道有多痛。

我的朋友有一个好习惯。几乎每个周末她都会去福利院看望那里的孤儿，带去一些小礼物，陪陪他们。也是从她那里我知道了其实福利院的孩子多多少少心里都有一个结：每年的三月总有很多很多人来看望他们，可是基本上只是在三月这个学雷锋月，尽管每个人走的时候都会说"我们还会再来"，然而，通常很少人会在其他没有名分的时候来到这里。

有一个小男孩很喜欢摩托车。可是你知道福利院里是不会有这种交通工具的。而小男孩的家人早就不知去向，所以几乎不可能会有人骑上摩托带他去玩，他的摩托梦总也只是个梦。有一年的三月，一群人来到福利院，当中的一个大哥哥知道了小男孩的心愿，热情地许诺改天会骑摩托车来带他去兜风。小男孩真是高兴，从哥哥走后就开始认真地期待这件事情。可是哥哥也许是很忙，也许是粗心大意忘记了，一直也没有摩托车令人兴奋的马达声响起在福利院的门口。小男孩的智商有点问题，可是他很懂事，只是在每年的三月才会殷殷地问起那个大哥哥今年会不会骑着摩托来？

我不是指责那些没有再去福利院、没有实现承诺的人们，事实上，去过总是胜过不去，更何况在承诺的时候，我相信每个人心里一定也是涌动着万千的柔情，只是后来兴许衡量了自己的能力发觉力不从心，也可能又有了新的牵绊，或者被每天的交通烦扰着自己的梦，总之那样的柔情就慢慢隐去了，承诺渐渐也凉了下来。说到底，那些伤痛不是八点档的连续剧，每天定时出现赚你热泪，常常是在一个你平时不太能碰到的地方，就算忘记，也不会怎样。

只是，对于有着摩托梦、洋娃娃梦或是其他什么梦的孩子来说，那真是他们全天候的期待。

在福利院，这样的故事还有。这里的孩子多多少少都有些缺陷。亲情的连系有时候挺脆弱，年轻的父母看到出生的孩子少了手指，或是眼睛里的混浊，或是痴痴的表情，想到今后把这孩子拉扯大的艰难和遭人白眼的委屈，很容易就忽略了怀胎十月的期待和血浓于水的情感。还有些本来好好的孩子，完全是因为家人的照顾不周，被烫坏了脸，或是发烧没有及时治疗烧坏了头脑，同时也失去了享受家庭温暖的权利。这些无辜的孩子被遗弃在福利院的门口或者其他什么地方，开始自己的人生。只是，这是怎样的人生？

于是我们很想去做一期节目，做点什么。为孩子，也为自己。去的时候我们一再提醒自己不要三分钟热度。人常常就是这样，一边痛心疾首地批评着什么，一边不知觉地步了后尘。我们想了很久应该做些什么，送些礼物或去陪陪他们当然是好，可是谁规定福利院的孩子就只能在福利院里等着别人来爱他们、等着别人来关心他们呢？那些孩子已经失去了很多被爱的权利，难道连爱人的机会也没有吗？助人是快乐之本，我们希望创造一个机会，让孩子们感受到最本质、最根源的快乐，一种被需要、被感激的快乐。

就在一个阳光明媚的春天的早晨，我们伟大的计划开始实施。福利院稍大一些、行动方便的孩子被我们组织起来，兵分四路：一部分人去公园门口卖气球，一部分人深入公园内部帮游人拍照，一部分人在糕点店义卖蛋挞，另一部分人在闹市区卖鲜花。通过孩子们力所能及的劳动，获得一些收入，再用这些钱给那些年纪小或者不能活动的孩子添置生活用品，为他们举办 party。孩子们的快乐也变得有来有往了！

你该看看那些孩子在工作的时候有多快乐！他们表现出极大的兴趣和热情，跑前跑后，忙里忙外。当有了收入的时候，孩子们细心地数了又数，惊讶于自己通过劳动也可以创造财富；当买好了礼物回去的路上，他们那激动、期待、骄傲、神气的表情真动人啊！是啊，谁不喜欢被信任、被需要的感觉呢？

我们的 party 很成功，孩子们都很快乐，他们的老师也一直说，以前总是一门心思地想怎么去爱这些孩子，尽可能帮社会去偿还欠他们的一切。可却忽略了孩子们也想去爱别人的情感需要，事实上，再可怜的孩子也不愿意你用那种怜悯的目光看他。

孩子们对我们很亲。他们虽然不是普通意义上的健康孩子，但是却无一例外地特别特别善良真诚。有一个智力不好的孩子，特别热情地抱着我们节目组一个女孩大声喊"妈妈"。也许那个孩子把所有他喜欢的人都叫作"妈妈"吧，女孩看着这个比自己高得多也壮得多的孩子眼泪一下就流了出来。这个人世间最温暖、最伟大、最无私的称呼在这一刻狠狠地撞击了她的心。

那种情绪，就是爱。

生命当中一定有遗憾，这是改变不了的。我们都想让生命中的遗憾少一点，再少一点。可是不能想着藏起来不看，遗憾会不会就少了呢？或是想着那个伤只是隐隐作痛，何必揭开那个疤鲜血淋漓呢？有些伤，必须揭开来，用药用爱，才会慢慢好起来。

生命里有些痛，我们不得不去碰它。

"不怕死"的中国人

〔葡萄牙〕布鲁诺·马希斯

作为一名在美国获得学位的欧洲人，我选择到东亚来工作和生活的最重要原因是：许多西方人喜欢中日韩的传统文化，但我对这几个国家的新面貌却有着更大的兴趣。我坚信，现代化有很多种形式。那么，东亚的现代化与西方的现代化到底有什么区别呢？

我听说，中国、日本、韩国对于未来都有一种近乎无限的雄心和期望。首尔的一个咖啡馆骄傲地声称，它们是"全世界最好的"；在东京，我曾有幸在一家自诩为"近一百年来最好的餐馆"里吃饭。那么中国的现代化又是怎样的呢？

在过去的一个月里，我一直在中国各地旅行，寻找这个问题的答案。

在重庆的经历是特别难忘的。整个城市建在峭壁之上，高楼越来越多，把下面的山也衬得越来越高，商业区日新月异，下一次来我一定就认不出来了。但是，这座城市不同地区之间差别也大到让人咋舌。如果再看更大范围内的四川省，那里的一些人们还过着三四个世纪前的生活。

今天的中国最令我惊诧的一点，是代与代之间的断层之大。在四川，我特别难忘的是很多老一辈人的脸：那是一种习惯了艰苦生活和自我牺牲的脸，笑容里凝固着日晒雨淋，让我想起葡萄牙家乡的农民。可是，年轻一代却与欧洲城市的年轻人越来越像：自信、成熟、渴望好的生活，常常可以看见他们坐在露天咖啡座喝意大利咖啡。

由于实行了计划生育，今天大部分的中国家庭只有一个孩子，父母可以给他们自己小时候想都没想过的优越条件。这是件好事。但我担心这也将带来一个负面后果：孩子可能觉得从别人那里接受东西是理所当然，无须付出相应的努力。

中国令我印象很深的另外一点是人们的"无畏"。在上海我造访了一所著名大学，校园很美，建筑很新潮，但也许是因为太新，地砖很滑。那一天下着大雨，走在我前面的一个女孩突然滑倒了。但我没想到的是，她很快就自己站了起来，而且不停地检查着自己白色的小坤包——看来，她对自己的包比对自己的背还要关心。

说这个故事，是因为我感觉，中国人似乎有一种不怕死的精神。在欧洲或者美国，基本上没有打滑的地砖，因为所有人都害怕因有人摔倒而被起诉。但在中国，人们似乎对此并不在意，即使摔倒了，也只是站起来重新出发。这或许是因为，中国近年来经济改革太成功了，中国人弥漫着一种普遍的乐观情绪，都希望抓紧时间充分利用经济发展的机会，享受快乐的心态。又或许，这来自于一种自古相传的老祖宗的精神遗产。

但不论如何，对于一个初次到访者来说，这意味着一种对生活的强烈热爱。

而如果要我说中国、韩国和日本最大的区别，我会说，与中国人交朋友更加容易。我在成都的一家酒吧里遇见了一位在那里工作的年轻人，一听说我喜欢爵士乐，马上就送给我一张爵士音乐会的票。票很贵。他诚实地告诉我说，他有两张，是朋友送的，但他没有女朋友。

确实，在中国农村外国人还被视为稀罕物，在中国的外国人必须学会应付层出不穷的针对外国人的赚钱花招。但是，与日本人和韩国人同样爱国的中国人，在面对外部世界和外国人时却表现出一种更加健康的心态。

中国人对其他国家表现出一种真正的好奇，而且很少觉得其他国家对自己是一种威胁。这也许是因为中国国家很大，也许是因为他们特别希望弥补失去的时间。我希望让每一个中国人知道，这是一项巨大的优势。

保持好奇、乐于学习、不持成见，这也许是世界应该向中国学习的地方。

剑门道中遇微雨

〔宋〕陆游

衣上征尘杂酒痕，
远游无处不销魂。
此身合是诗人未？
细雨骑驴入剑门。

【译文】

衣服上沾满了旅途上的灰尘和杂乱的酒的痕迹。出门在外去很远的地方宦游，所到之地没有一处是不让人心神暗淡和感伤的。

我这一辈子就应该做一个诗人吗？骑上瘦驴在细雨中到剑门关去。

【赏析】

这是一首广泛传颂的名作，诗情画意，十分动人。然而，也不是人人都懂其深意，特别是第四句写得太美，容易使读者"释句忘篇"。如果不联系作者平生思想、当时境遇，不通观全诗并结合作者其他作品来看，便易误解。

作者先写"衣上征尘杂酒痕，远游无处不销魂"。陆游晚年说过："三十年间行万里，不论南北怯登楼"（《秋晚思梁益旧游》）。梁即南郑，益即成都。实际上以前的奔走，也在"万里""远游"之内。这样长期奔走，自然衣上沾满尘土；而"国仇未报"，壮志难酬，"兴来买尽市桥酒……如钜野受黄河顿"（《长歌行》），故"衣上征尘"之外，又杂有"酒痕"。"征尘杂酒痕"是壮志未酬，处处伤心（"无处不销魂"）的结果，也是"志士凄凉闲处老"（《病起》）的写照。

"远游无处不销魂"的"无处"（"无一处"即"处处"），既包括过去所历各地，也包括写这首诗时所过的剑门，甚至更侧重于剑门。这就是说：他"远游"而"过剑门"时，"衣上征尘杂酒痕"，心中又一次黯然"销魂"。

引起"销魂"的，还是由于秋冬之际，"细雨"蒙蒙，不是"铁马渡河"（《雪中忽起从戎之兴戏作》），而是骑驴回蜀。就"亘古男儿一放翁"（梁启超《读陆放翁集》）来说，他不能不感到伤心。当然，李白、杜甫、贾岛、郑綮都有"骑驴"的诗句或故事，而李白是蜀人，杜甫、高适、岑参、韦庄都曾入蜀，晚唐诗僧贯休从杭州骑驴入蜀，写下了"千水千山得得来"的名句，更为人们所熟知。所以骑驴与入蜀，自然容易想到"诗人"。于是，作者自问："我难道只该（合）是一个诗人吗？为什么在微雨中骑着驴子走入剑门关，而不是过那'铁马秋风大散关'的战地生活呢？"不图个人的安逸，不恋都市的繁华，他只是"百无聊赖以诗鸣"（梁启超语），自不甘心以诗人终老，这才是陆游之所以为陆游。这首诗只能这样进行解释；也只有这样解释，才合于陆游的思想实际，才能讲清这首诗的深刻内涵。

一般地说，这首诗的诗句顺序应该是："细雨"一句为第一句，接以"衣上"句，但这样一来，便平弱而无味了。诗人把"衣上"句写在开头，突出了人物形象，接以第二句，把数十年间、千万里路的遭遇与心情，概括于七字之中，而且毫不费力地写了出来。再接以"此身合是诗人未"，既自问，也引起读者思索，再结以充满诗情画意的"细雨骑驴入剑门"，形象逼真，耐人寻味，正如前人所言，"状难写之景如在目前，含不尽之意见于言外。"但真正的"功夫"仍在"诗外"（《示子遹》）。

另一说认为：自古诗人多饮酒，李白斗酒诗百篇，杜甫酒量不在李白之下。陆游满襟衣的酒痕，正说明他与"诗仙"、"诗圣"有同一嗜好。骑驴，也是诗人的雅兴，李贺骑驴带小童出外寻诗，就是众所周知的佳话。作者"细雨骑驴"入得剑门关来，这样，他以"诗人"自命，就名副其实了。

但作者因"无处不销魂"而黯然神伤，是和他一贯的追求和当时的处境有关。他生于金兵入侵的南宋初年，自幼志在恢复中原，写诗只是他抒写抱负的一种方式。然而报国无门，年近半百才得以奔赴陕西前线，过上一段"铁马秋风"的军旅生活，现在又要去后方充任闲职，重做纸上谈兵的诗人了。这使作者很难甘心。

所以，"此身合是诗人未"，并非这位爱国志士的欣然自得，而是他无可奈何的自嘲、自叹。如果不是故作诙谐，他也不会把骑驴饮酒认真看作诗人的标志。作者怀才不遇，报国无门，衷情难诉，壮志难酬，因此在抑郁中自嘲，在沉痛中调侃自己。

一只肉鸡的科学一生

孙道荣

一枚鸡蛋，与众多的鸡蛋一起，被放在一只孵鸡机里。经过21天的电孵化，雏鸡出壳了。它的出生和它的身世一样，都是科学的产物。没有鸡窝，没有母鸡温暖的怀抱。除了电孵化之外，煤油、沼气孵化等，都是今天用来孵化鸡的科学手段。

第1天。电灯光会在几个小时内，将它的绒毛烘干，不需要阳光。如果一只雏鸡鸡头鸡脑地寻找阳光，它一定会失望的，身为一只肉鸡，它这一生，见到太阳的机会几乎为零。幸好它会很快适应这道科学的光芒。摆在它面前的，是一盘用玉米粉和复合维生素 B 液混合的饲料。一只雏鸡不会明白什么叫复合维生素 B 液，这没关系，一只肉鸡并不需要学习。

第2天。饲养员会给它注射一针马立克氏疫苗，这基本上可以确保它的短暂的一生远离瘟疫的威胁。这一点很重要，那些农家散养的土鸡，就从来享受不到正规的现代医疗保障，鸡瘟是常事。这就是科学的大型养鸡场的优势。

第3天。雏鸡们的翅膀已经能够扑腾了，它们快乐地扇着绒毛未脱的羽翅。它们不知道，这将招来断翅之痛。饲养员将它们一只只捉住，"喀嚓"一声，将它们的翅肘关节给剪断了。这辈子，它们再也扑腾不起翅膀了。一只肉鸡嘛，你就不要做天鹅梦了。

第4天。饲养员拿来了另一支针管。我相信雏鸡和孩子一样，都害怕打针，不过，亲爱的雏鸡们，害怕是没有用的。这支名叫一针肥的针剂，将令你们这一生不但健康而且能够苗壮地长肉，在养鸡场，一切以鸡为本，一切也以肉为本。

第6天。雏鸡的食物开始发生变化，除了玉米粉之外，还有菜叶等绿色食物，这令雏鸡们胃口大开，如果雏鸡们认识字，一定更加开心，因为在它们的食谱中，还添加了一种用0.5%穿心莲溶液、0.2%~0.3%大蒜溶液或100倍活力99生酵剂混合成的"高效保健促长液"，嘿嘿，这可是保健品哦。

第8天。正在长大的雏鸡们开始玩耍嬉闹，你啄我一口，我挠你一爪，十分开心。是给它们断喙（huì）的时候了。每只肉鸡都难逃此厄运，它们长长的鸡喙将被切掉三分之一。断喙是为了杜绝渐渐长大的肉鸡们互相啄趾、啄羽的恶癖。安心地将精力都用来长肉吧小鸡，这才是你们的事业。

第25天。鸡们苗壮成长，很快进入了青春期。它们的羽毛开始变色，鲜红的鸡冠也冒了出来。鸡们开始骚动，它们开始谋划一场轰轰烈烈的爱情，没有白纸写情书，那就刨刨地，画张约会图吧。如果你是一只小公鸡，这可不是个好兆头。一把锋利的手术刀，会在几秒种之内，将你就地阉割，以确保你的处子之身，也彻底杜绝你这一生谈婚论嫁的非分之想。

第45天。现在，肉鸡们基本上已经长成，他们饱食终日，无所事事、一心一意地长着肉。它们长着翅膀，连扑腾都扑腾不起来；它们长着爪子，却从来也没有走出过鸡舍；它们长着眼睛，连阳光都没有见过。它们所有的念头都湮（yān）灭了，埋头长肉。可是，对一个真正懂得科学养鸡的人来说，这还不够，它们的膘（biāo）还不够肥，还不能卖出足够好的价钱。于是，他会进行最后一搏，拔掉肉鸡鸡翅上的长管羽毛，以将能量集中在长肉出膘上，就像给树苗打杈一样。据说这种科学的"拔毛助长法"很管用，被拔掉长管羽毛的肉鸡，每天能长肉 50 多克。至于肉鸡们，"咯咯"的几声惨叫，会很快淹没在钞票的哗哗声中。

第 60 天。肥硕的肉鸡们，出栏了。它们被送到了各个菜市场，它们不会走得太远，菜市场离人类的厨房很近。

第 61 天。在清扫鸡舍的时候，人们发现了一枚鸡蛋。看来，一定有一只肉鸡还是偷偷进行了一场恋爱。饲养员笑笑，将鸡蛋放进了一筐鸡蛋中。这枚鸡蛋，很快会被送进孵鸡机里，开始它的一生。

请按一下九层

卢 青

这是全市最忙的一部电梯，上下班高峰时期，和公共汽车差不多，人挨着人。

上电梯前我和公司的人力资源部总监相遇，说笑间，电梯来了，我们随人群一拥而进。每个人转转身子，做一个小小的调整，找到了一种相对舒服的距离。

这时，一只胳膊从人缝中穿过来，出现在我的鼻子前面。我扭头望去，一个小伙子隔着好几个人，伸手企图按电钮。他够得很辛苦，好几个人刚刚站踏实的身子不得不前挺后撅，发生了一阵小小的骚动。

那个人力资源总监问道："你要去哪一层？""九层。"有人抬起一个手指头立刻帮他按好了。没有谢谢。

下午在楼道里又碰到那个人力资源总监。"还记得早上电梯里那个要去九层的小伙吗？"她问我。

"记得呀，是来应聘的吧？"九层，人力资源部所在地。

"没错。挺好的小伙子，可我没要他。""为什么？"

"缺少合作精神。"她露出一副专业 HR 的神情，"开口请求正当的帮助对他来说是件很困难的事，得到帮助也不懂得感激。这种人很难让别人与他合作。"

我点头称是。追求独立是好事，但太过了，就成了缺乏合作精神，独立的意志就不再受到尊重。推而广之到企业之间的合作，比独立更深了一层意思——利益。追求自身的利益是应该的，但太过了，就造成了无法与人合作的局面，于是自身的利益也追求不到。

国际上许多行业内部两个企业强强合并很常见，出发点就一个，经过联合形成更大的力量，对两个公司都有好处。在中国很难看到这样的事情，收购兼并的基本形式是好公司收购破公司，大公司收购小公司，但凡自己能坚持下去，就决不与人合并。中国人能追求各自利益的独立性太过执着。

如果那个小伙子坦然而自信地说一句"请按一下九层"，结果会怎么样呢？大家不但不会反感他的打扰，而且帮助他的人还会心生助人的快乐，最后他也能得到想要的工作。

日本著名企业家清水说："所谓经营，其根本应该是使自己与他人都高兴。"

筷 子

老 舍

我听说过这样一个笑话：有一位欧洲人，从书本上得到一点关于中国的知识。他知道中国人吃饭用筷子。有人问他：怎样用筷子呢？他回答一手拿一根。

这是个可以原谅的错误。想象根据着经验，以一手持刀，一手持叉的经验来想象用筷子的方法，岂不是合理的错误吗？

一点知识，最是误事。民族间的误会与冲突虽然有许多原因，可是彼此不相认识恐怕是最重要的原因之一。筷子的问题并不很大，可是一手拿一根的说法，便近乎造谣。造谣就可以生事，而天下乱矣。据说：到今天为止，日本人中还有人相信中日之战是起于中国人乱杀侨民呢。

还是以筷子来说吧。在一本西洋人写的关于中国的小说里有这么一段：一位西洋太太来到中国——当然是住在上海喽，她雇了一位中国厨师，没有三天，她把厨子辞掉了，因为他用筷子夹汤里的肉尝来着！在这里，筷子成了肮脏、野蛮的象征。

筷子多么冤枉！人类的不求相知，不肯相知，让筷子受了侮辱。

自然，天下还有许多比筷子大着许多倍的事。可痛心的是天下有许多人知道这事！牛羊知道的事很少，所以它们会被一个小儿牵进屠宰场中。看吧，希特勒与墨索里尼曾把多少人"赶"到屠宰场去呀！

因此，我想，文化的宣传才是真正的建设的宣传，因为它会使人互相了解，互相尊敬，而后能互相帮忙。不由文化入手，而只为目前的某人某事做宣传，那就恐怕又落一个一手拿一根筷子吧。

优雅的科学独行者

周欣宇

难以想象，如此优雅的美感，竟能在一个物理学家身上得到完美的演绎。

他总是穿着做工考究的西装，他爱好文学和音乐。他是世界上唯一在方程式中使用哥特体字符的科学家。据说在所有用英语写作的科学论文中，他的语言是最优美的。

他叫钱德拉塞卡，原本是个有点羞涩的印度青年。19 岁那年，他因成绩优异获得政府奖学金，只身乘船前往英国剑桥求学。在长达十几天的漫长航行中，他奇迹般地初步计算出一个结果：当恒星质量超过某一上限时，它的最终归宿将不会是白矮星。

在 1935 年皇家天文学会的会议上，当钱德拉塞卡宣读自己的论文后，当时天体物理学界的权威爱丁顿走上讲台，他当众把钱德拉的讲稿撕成两半，宣称其理论全盘皆错，原因是它得出了一个"非常古怪的结论"。听众顿时爆发出笑声。会议主席甚至没有给这位年轻人答辩的机会。

会议结束后，几乎所有人都走到钱德拉跟前，说："这太糟糕了，太糟糕了……"

"世界就是这样终结的，不是伴着一声巨响，而是伴着一声呜咽。"多年后，钱德拉仍然记得自己当时的自言自语。

与爱丁顿的争论持续了几年，没有一个权威科学家愿意站出来支持钱德拉。最后，他终于明白应该完全放弃这个研究课题。在 1937 年到了芝加哥大学以后不久，他把自己的理论写进了一本书里，然后不再去理会它。

差不多 30 年后，这个后来被称为"钱德拉塞卡极限"的发现得到了天体物理学界的公认。然后又过了 20 年，钱德拉获得了诺贝尔奖。1983 年，当他从瑞典国王手中接过诺贝尔奖章时，已是两鬓斑白的垂垂老者。

此时，回顾年轻时的挫折，钱德拉却已有了不同的看法。"假定当时爱丁顿同意自然界有黑洞……这种结局对天文学是有益处的"他说，"但我不认为对我个人有益。爱丁顿的赞美之词将使我那时在科学界的地位有根本的改变……但我的确不知道，在那种诱惑的魔力面前我会怎么样。"

钱德拉寒卡的结论是，这些成功的人"对大自然逐渐产生了一种傲慢的态度"。这些人以为自己有一种看待科学的特殊方法，并且这种方法一定是正确的。但实际上，"作为大自然基础的各种真理，比最聪明的科学家更加强大和有力"。

因此他的一生都是谨慎、谦逊和勤奋的。每当投入工作时，他就会坐在一张非常整齐、清洁的书桌前，寻觅数学的秩序。每天至少工作 12 小时，一周工作 7 天，花费 10 年左右，得到了"某种见解"以后才罢休——也就是说，直到宇宙的某一个方面已经完全约化为一组方程时才罢休。然后，他总是把研究的结果写成一本书，就不再关注这个领域，而去寻找天体物理学中另一个完全不同的课题，重新埋头研究下去。直到六十多岁，钱德拉仍能定期把精力转向以前从未涉足的新领域。

他的教学同样以严谨和一丝不苟著称。据说，他的板书和讲稿是那样整洁和优美，以至可以直接拿去印刷。一个有名的故事是，在 20 世纪 40 年代中后期，钱德拉每星期从叶凯士天文台驱车数百英里到芝加哥大学，为只有两名学生的班级上课。而 1957 年的诺贝尔物理学奖，就授予了这个班级仅有的两名学生——杨振宁和李政道。

钱德拉塞卡的一生远离自己的祖国，研究成果不被认可，还因肤色遭受歧视，但他不以为意，并以始终如一的优雅默默回应一切。1999 年，一只以"钱德拉塞卡"命名的天文望远镜升空。尽管它经常因做出新的发现而出现在世界各地的新闻报道中，钱德拉塞卡却并未因此更多地被人提及和了解。

因孤独而优雅。或许，只有这样的一个物理学家，才能拥有如此优雅的美感。

多么困难都能帮助别人

孙君飞

在一个酒宴上，一位外县教育部门的公务员给大家讲了一个真实的故事，我至今铭记在心：

我工作的地方属于国家级贫困县，许多家庭还在温饱线上挣扎，生活富裕的人难以想象他们生活如何艰辛和愁苦。我负责一项救助贫困生的工作，在社会力量和被救助者之间铺桥搭线，尽力让那些失学的孩子重新看到希望的曙光。

前段时间，我到乡下看望这些孩子，了解救助工作的落实情况。本县地域辽阔，山脉深远。我每天或乘车，或步行，行走几十里才见到两三个贫困生。几天下来，情况了解得差不多。这次走访令人欣慰，相当多的失学儿童得到了救助，纷纷入校就读。

就在准备结束走访的时候，我遇到了一位执意挽留的家长。

这是一位含辛茹苦的母亲，三年前丈夫去世，她苦苦操持几亩田，维持着儿子读书。她病痛缠身，常年的辛劳和背负的债务已使这位母亲的身心达到了崩溃的边缘。只需要看她一眼，即使她没有开口说话，你也能真切地感觉到什么是苦难和绝望。不过现在，她生活下去的勇气和信心更大了，她的儿子已经受到社会救助，至少可以保证他读完九年义务教育。

我边走边给她解释，我们工作的要求很严，不能接受家长的任何回报。她挎着一篮刚刚晾晒好的干果紧追不舍，斗笠被风吹掉了也无心去捡。"你不吃饭行，果子不要也行，可是得告诉我恩人的姓名哪，我要当面感谢他！"她在我身后带着哭腔喊道，"哪有受人恩情，不说声谢谢的道理啊？"

我心里一动，停下脚步，掏出笔工工整整地写下救助者的姓名、地址，然后告诉她一些情况：那位恩人在市里某所大学读书，他曾打电话要我推荐一个最需要帮助的小学生，一直资助到读完初中，如果该生品学兼优，等他参加工作后，还可以继续资助，经过研究决定，教育局推荐了你家的孩子。"其他的情况，我就不清楚了，你让孩子写封感谢信过去，也可让人家放心。"她听我这么一说，很安心地点点头，没有再挽留我。

回到单位不久，一天，正在办公室处理文件，这位母亲突然出现在门前，谦卑地站立着，向我问好。

我请她进来，她端端正正地坐着，好像一直在考虑如何说出应该说出的话，很快，她又抬起头："我到市里找着恩人了，孩子和我的感谢，我亲口对他说了。"说完这句话，她的脸上显出很快慰的样子。她竟然亲自去市里答谢恩人，这需要多大的勇气和虔诚啊！像她这样的农民，原本出门的机会就非常少，何况现在的车票已经涨得那么离谱，她如何承受得下来？

我几次劝她喝茶，她才谨慎地抿了一小口。她紧紧地拢了一下握着的双手，仿佛下了很大的决心，说："我来，还有个请求，我想为县里那些穷孩子帮些忙。"我感到惊讶，她家那么困难，正需要救助，还有余力帮助其他人吗？她看出我的神情，终于笑了笑："也说不上帮忙，我会缝补衣服，还会织毛衣，邻居都说我织得保暖、好看——冬天一来，穷人的孩子念书上学，最需要保暖。我想给他们缝几件衣服，织几件毛衣。他们的情况我不熟，你看能不能说几个？"

这样的母亲，让我怎么说好呢？我的内心感觉到了一种力量的撞击和震撼，我说："很感谢你有这样的想法，但你们现在最需要做的是让孩子读完书，早日成材，再回报社会的帮助，你没有必要这样辛苦自己。"

只是这么一句简单的话，竟然使她热泪盈眶："你不知道，帮助我家的恩人就是咱们县的，听他的同学说他家也没有多少钱，靠贷款、做家教才上的大学。他瞒住了大家，一上大学就参加了学校的'爱心社'，在课余去拾垃圾、卖报纸、拉赞助，自己挣的血汗钱差不多都给了我孩子！"

她的眼泪越淌越多，也无心去擦，继续说道："我当时一听，头都蒙了，我家不该拿这种钱哪！我找到恩人，给他鞠了一大躬，说以后不要再这样辛苦自己了，我和孩子都不会忘掉他的恩情。后来，恩人说了几句话，我心里一下子亮堂了多了。"她用毛巾擦了一下眼睛，"恩人说：'大家都一样，我也得到过很多人的帮助，总想着怎样帮助别人，爱心社给了我机会。我觉得，人在多么困难的时候都能帮助别人。'就是这句话，我心里亮堂了，像恩人那样帮助别人，我也能行哩，你就说几个学生给我吧！"

我怎能不满足这位母亲的愿望呢？

人在多么困难的时候都能帮助别人。也许我们并不是富人，也不是强者，但是我们同样能够对穷苦的处境感到酸楚和同情，并且力所能及地做出一些实际的帮助，哪怕它们是一些微不足道的事情，也足以温暖曾经寒冷的心。如同一颗星星虽然不能改变整个天空，但是可以照亮周围的黑暗。当更多的星星加入进来，璀璨的银河就属于每一颗星星了。

夜夜曲·河汉纵且横

〔南朝〕沈　约

河汉纵且横，北斗横复直。
星汉空如此，宁知心有忆？
孤灯暖不明，寒机晓犹织。
零泪向谁道，鸡鸣徒叹息。

【译文】

　　银河纵横穿流、星斗横竖移动；银河与北斗星都是在无知无情地空自流转，又怎知我心中在想念一个人？

　　空房之内，一盏孤灯半明不灭，不管天寒地冻，依然踏起织机，织起布来。泪流不止可又能向谁诉说呢？只能听着鸡鸣声发出一声声的叹息。

【赏析】

　　《夜夜曲》，乐府杂曲歌辞的一种，它的创始人便是沈约。《乐府解题》云："《夜夜曲》，伤独处也。"沈作有二首，皆写同样的主题。此为第一首，写空房独处的凄凉况味尤为具体而细致。共八句，可分前后两段，每段各四句。每段开头二句均用对偶，结尾二句以白描手法抒写思妇惆怅自怜的感情。从前段到后段，思妇的感情有发展，有变化，直至结尾，形成一个高潮。

　　诗歌的开头两句借银河和北斗方位的变化来暗示时间的流逝。"河汉纵且横，北斗横复直"，写思妇长夜不眠，观看天空景象。诗人在这两句诗中交错使用了"纵"、"横"、"直"三个词，忽纵忽横忽直，使人仿佛看到银河纵横穿流、星斗横竖移动的情景。诗中虽未直接写人，而人物的神情自可令人想见。古诗中用星辰位置的变易反衬思妇感情的愁苦，例子甚多。如《古诗十九首》云："明月皎皎光，促织鸣东壁。玉衡指孟冬，众星何历历！"又云："迢迢牵牛星，皎皎河汉女，纤纤擢素手，札札弄机杼。"前人皆以为本之于《诗经·小雅·大东》，如《文选》李善注"河汉女"云："《毛诗》曰：'维天有汉，监亦有光。跂彼织女，终日七襄。虽则七襄，不成报章。'毛苌曰：'河汉，天河也。'"

　　观沈约此诗，当系近承《古诗十九首》，远绍《诗经》之《大东》，当然在具体描写上也有所不同。它开头二句说银河由纵到横，北斗由横到直，通过写景显示了时间的迁异。用一句通俗的话说，便是斗转星移，时间已过了很长。在此漫漫长夜，思妇耿耿不寐，心中必有所想，于是诗人借她的口吻说道："星汉空如此，宁知心有忆？"星汉本为无知无情之客体，怨它何来？这种写法便是古人所常说的"无理而妙"。仿佛在说：银河啊，你空自流转；北斗星啊，你徒然横斜，你们怎知我心中在想念一个人？

　　接下去二句写思妇因星汉移动、时光流逝而起的惆怅心情。"星汉"句总括上文又作一顿挫，着一"空"字，似乎把前面铺排的两句一下子推倒，令人感到不可思议。"宁知"句把思妇胸中的一股怨气，喷薄而出，着一"宁"字，与前面的"空"字紧相呼应，把人物的感情引向内心深处。二句全系脱口而出，声情毕肖，确有如闻其声，如见其人的效果。

　　如果说前半段以天空之景烘托思妇孤栖之苦，那么后半段则转而以室内之景映衬人物独处无聊的心态。诗人的笔锋由夜空转入闺房。空房之内，一盏孤灯，半明不灭，那暗淡的灯光，象征着思妇的情怀。她孤独难耐，于是不管天寒地冻，踏起织机，织起布来。在这里，诗人没有照搬《诗经》与古诗，光写天上织女，而是将天上移到人间，写思妇亲理寒机。因此使人读来，更富有现实感。从对偶方面讲，这一联比前一联更为精当。因为前一联并列两件性质相近的事物，其弊如后人评价近体诗时所说的"合掌"。而这一联则意不相重，且层层推进，前句说灯不明，是在深夜；后句说晓犹织，则已到天亮了。从深夜到天明，思妇由独守孤灯到亲理寒机，层次鲜明，动作清晰，恰到好处地表现了她的孤独之感。

　　结尾二句，承上文而来。思妇彻夜未眠，所忆之人缥缈无踪，眼望孤灯，手理寒机，心中分外凄苦，于是她情不自禁地哭了。尽管泪流不已，也没有人同情她，她不能向人诉说单身独处的苦闷。她只有哀哀自伤，徒然叹息。结句"鸡鸣"二字，紧扣上句的"晓"字，而"徒"字又与前段的"空"字遥相照映。此刻女主人翁的孤独之感已达到了顶点，天上的星汉也好，自己的思念与叹息也好，一切的一切，都是空幻而徒然的。她只有默默地流泪，独自咀嚼着悲伤。听到鸡叫的声音，她不由发出长长的叹息。

劳动、死亡和疾病

〔俄〕列夫·托尔斯泰

这是一个流传在南美洲印第安人中间的故事。

那里的人们说，上帝最初造人时，不是非要他们劳动不可的。他们既不需要房屋，也不需要衣食。他们都能活到百岁而从来不知道什么是疾病。

过了一段时间，上帝想去看看人们生活得怎样，他看到的是人们生活得并不幸福，而且互相争吵，只顾自己，不仅感受不到生活的乐趣，反而诅咒起生活来。

此时，上帝对自己说："这是因为他们都能独立生活的缘故。"为了改变这种状况，上帝做了重新安排：人们要活下去，就不能不劳动；为了避免受冻挨饿，人们就不得不建造房屋、耕种谷物。

"劳动会把他们联系在一起的。"上帝心想，"要是他们不合作就造不了工具，伐不了树，盖不了房子，种不了地也收不了庄稼，纺不了纱，织不了布也做不了衣服。"

过了一些时候，上帝又来查看人间的生活情形，看看他们现在是否幸福了。

可是他发现，人们生活得比以前更糟了。他们在一起劳动是出于不得已，而且也不是大家全在一起，而是一伙一伙的。每一伙都想把另一伙的活儿抢去干。他们互相倾轧，把精力和时间都浪费在争斗之中了，所以他们的生活还不如从前。

上帝看到自己的安排并没有使人们的生活好起来，于是便决定让人们都不知道自己的死期，人们随时都会死亡，并向他们宣布了这一安排。

"要是人们知道自己随时都会死亡，"上帝心想，"也许就不会为争夺那些身外之物而浪费自己的年华了。"

但是事情还是与上帝的意愿相反，当他再次来视察时，发现人们的生活还是同以前的一样不幸。

那些强有力的人，利用人随时会死的事实，降服了一些软弱无力的人，杀掉一些，用死亡去威胁另一些。结果，强者及其后代都不劳动，闲得百无聊赖，而弱者则不得不拼死劳动，终生不得休息，两种人互相害怕，彼此憎恨，人的生活变得更加不快活了。

看到这种情况，上帝决定用一种补救方法，他把千奇百怪的病魔打发到人间，上帝认为，当人们都受到疾病威胁时，他们就会懂得，强者应该怜悯并帮助那些弱者。

当上帝再次回来查看人们有了得病危险以后的生活情形时，他看到人们的生活甚至比以前更糟了。上帝的本意是要让疾病使人们能够互相同情关照，岂不知，如今疾病，反使人们陷入更大的分裂。那些强壮得足以强迫别人劳动的人，得病时就强迫他们来侍候自己，但到别人生病时，他们就置之不理。那些被迫劳动、在别人生病时又得去侍候他们的弱者，其劳累程度便可想而知了，他们有了病就只能听天由命。为了不使病人影响健康人的精神状态，人们把病人和健康人的住宅远远分开。其实健康人的同情本来是会使那些可怜的病人的心情快活起来的，现在，这些病人只好待在他们的房子里受煎熬，死在那里。那些雇来看护他们的人，不仅没有热情，反而还厌恶他们。此外，人们还认为有许多病是传染的，由于害怕传染，他们不仅躲着患者，甚至把自己同照看病人的人都隔离开来。

上帝自言自语道："如果连这样都不能使人们懂得他们的幸福所在，那就是咎由自取。"于是，他撇下人们不管了。

过了许久，人们逐渐明白，他们是应该而且也是可以过得幸福的。只是到了近代，才有少数的人懂得，劳动不应该成为人生中的苦差事，也不应该认为是服苦役，而应该是使所有人联合起来的共同事业。他们开始懂得，死亡时刻威胁着每个人，人类唯一合乎理性的事，就是在团结和友爱中度过有生之年的每一分钟。他们也开始懂得，疾病不应该把人们分开，恰恰相反，它应该为人类相爱提供机会。

当生命濒临绝境

苇 笛

小男孩刘洋很不幸，因为患有先天性语言障碍，7岁的他不曾说过一句话。尽管父母带着他辗转求医，却一直没有什么效果。

生活的重压使母亲不堪承受，她在2007年3月的一天带着自己的衣物从家里不辞而别。母亲的离去，彻底击碎了父亲的信心。绝望的父亲觉得自己再也活不下去了，他决定带着儿子离开这个世界。

2007年3月13日中午，在重庆石坪桥的一间出租屋内，父亲将农药倒在杯子里，要刘洋喝下去。就在那一刻，奇迹发生了，从不曾说话的刘洋哭叫着："爸爸……我想……活下去！"刘洋的话惊呆了父亲也惊醒了父亲，他扔掉杯子，将刘洋紧紧地搂在了怀里……

当死亡的阴影直逼眼前时，小小的刘洋竟然突破了先天性的语言障碍，对父亲、对世界喊出了自己的心声："我要活下去！"

刘洋的举动让我们看到了蕴藏在一个生命中的巨大潜能，这种潜能具体有多大，谁也无法说清，但它一旦爆发，随之而来的必然是奇迹。

美国人梅尔龙19岁那年，被流弹打中背部下半截，经治疗后虽逐渐恢复健康，却无法行走，只能靠轮椅代步。这种状况，一直持续了12年。有一天，他从酒馆出来后，照常坐着轮椅回家。不幸的是，他遇到了劫匪抢他的钱包。他的叫喊与抵抗触怒了劫匪，他们竟然放火烧他的轮椅。眼看着轮椅着了火，急于逃生的梅尔龙忘了自己的残疾，起身离开轮椅拼命奔跑，竟然一口气跑完一条街……

若不是遭遇抢劫，梅尔龙的一生或许都要在轮椅上度过。可一旦濒临绝境，求生的本能使梅尔龙的潜能最大限度地发挥出来，而他也从一个残疾人变得健步如飞。

如此看来，濒临绝境非但不是命运的残酷，反而是命运对一个生命的巨大恩赐。平常的日子里，我们总渴望过一种安宁的生活，一旦遭遇磨难，便会本能地心生抱怨，抱怨命运的不公与残酷。可实际上，正如濒临绝境是命运的恩赐一样，磨难也是命运给予众生的一份厚礼啊！看看吧，普通的水因了高压而成了壮观的喷泉，柔软的泥因了高温而成了坚硬的砖头，平凡的铁因了千锤百炼而成了锋利的宝剑……可以说，正是磨难，成就了世间珍贵的物品。我们的人生，何尝不是如此呢？

漫长的一生中，我们也许不会濒临死亡的绝境，但我们一定会遭遇一场又一场的磨难：下岗了，生病了，遭遇情感的背叛了……每一场磨难都是人生中的一次挑战，而每一次挑战都会激发出我们巨大的潜能。我们的人生，因磨难而不断升华。岁月的土壤里，磨难正是最肥沃的养料，我们的生命之树因之而郁郁葱葱。

更厉害的高手

侯文咏

我在"台北之音"担任广播节目主持人时，曾经对马英九先生做了一次两个小时的专访。

节目一开始，我就说："我想不通，为什么有人会想学法律。"

马先生反问："为什么？"

我说："因为律师一辈子面对的不是犯罪，就是纠纷，一天到晚在法院帮人吵架，心情一定不好。"

律师的工作不只这么多，我当然知道。只是，为了引出精彩的答案，我必须找有哏（gén）的话题才行。就在我期待看接下来马先生怎么接招时，他忽然说："我才想不通呢，为什么有人想学医。一辈子面对的不是死亡，就是病痛，一天到晚听人哀号、呻吟，心情一定更不好。"

照样造句还造得这么有杀气的，真是首度遭遇。只是，现在球又回到我的手里，我不得不接招，于是我说："马先生看到的、听到的是哀号、呻吟，但我看到的却是可以让病人从病痛、死亡中恢复健康的机会。"

马先生不甘示弱，立刻回嘴："侯先生看到的是犯罪、纠纷，但我看到的却是可以帮助弱势群体、为大多数人伸张正义的机会啊。"唉，又是照样造句。

眼看继续纠缠下去就要变成一场烂仗，我决定"见好就收"。

差不多就在那一刹那，我忽然理解到，不管你用什么办法，要说得过一个律师，几乎是不可能的。接下来的专访我改变策略，没有提太多政治问题，我问了他当年追求夫人周美青的往事。

马先生告诉我，他们坠入情网是因为出国留学前一次郊游露营时，两个人在帐篷中聊到深夜。"那个晚上的谈话，我完全被她折服。那次的谈话，我发现她是一个非常有想法、有看法、有智慧、有内涵的女人，从此开始追求……"

我简直被"折服"这个词吸引了。我一边发问，一边想，如果一开场时，我花了那么大的力气，只落得了个"平手"，那么，那个晚上，周美青小姐到底说了什么观点、内容，可以令眼前这个学法律的人"折服"？

作为一个称职的主持人，我当然要追问。

可惜马先生想了一会儿，只是笑着回答我："那个晚上到底聊了什么，老实说，我现在也不记得了。"

这个悬疑一直在我心中，直到好久之后，我才有机会得到解答。

根据周美青的说法："那个晚上啊，都是他一个人在讲，我在听啊……"

噢，我恍然大悟。原来更厉害的高手是这样啊……

翅膀下的风

〔美〕喻丽清

最近读到一本日本诺贝尔文学奖作家大江健三郎的作品"小孩子为什么要上学"，里面提到他小时候很怕死，所以一生病就吵闹不休。有一次因病住进了医院，当然更是怕得要死，后来他母亲就对他说："你放心吧，要是你真的死了，我会把你再生出来的。"于是他就安心了。

可是过不多久，他又很不放心地问他母亲说："那你生下来的那个小孩，怎么会知道我是个什么样子的人呢？"他母亲就说："我会把有关你的故事每天一件一件地都告诉他，最后他不就知道你是怎样的人了吗。"

大江的意思是，其实我们每个人做人的义务之一就是要把我们所思所想尽量地告诉别人，而文学就是这样传下去的。

我读了那本书很受感动。他说的虽然是文学，可是我却觉得他母亲的爱才是更了不起的。

爱不也是这样传下去的吗？

后来大江自己有个儿子患了严重的自闭症，他的母亲就叫他把孩子送到乡下来由她抚养，可是他的妻子拒绝了，她说养育子女是她自己的责任，不应当把它推给老人家。抚养自闭症的孩子是非常辛苦的，一直到他们发现孩子在音乐方面很有天分时，他们才松了口气。如今他儿子已经是个有名的音乐家了。

这是两个成功的母亲的例子。

在我们一般人的背后，也许并没有像文学家笔下那么动听的故事可说，可是有时候做母亲的不经心的爱，却能成为儿女心中永远的幸福。

以下就是我和女儿之间的一个小故事。

女儿小的时候，第一次存了许多的零用钱想偷偷地给我买一件母亲节的礼物，因为每年学校里快到母亲节的时候就有个义卖会，摆了许多的小摊位，都是捐赠品，所以孩子们才买得起。我女儿千挑万选地买了一只绿色的玻璃花瓶，她提着纸袋兴高采烈地回家，可是在路上一不小心纸袋子掉在地上，把玻璃瓶给打破了。她伤心得不得了，回到家一句话都说不出来，大哭了一顿。我其实比她还要心痛，到现在还记得她伤心的样子，到现在我还恨不得能在半路上替她接住那只花瓶。但是已经发生的事无从挽回，还好我想到了一个法子，最后让她破涕为笑了。

这件事过去20年了，没想到20年后有个出版社要我写本儿童书，主题是最难忘的一件事。我小女儿就说她可以写，我很高兴地让她去写了，她写的就是这个破了的花瓶的故事。

你知道吗，当她写好给我看第一稿的时候，我的眼泪流了下来，因为她在结尾时说：

"那是我最难忘的母亲节，因为我送妈妈的是一只打破的花瓶，妈妈给我的是最幸福的礼物。"

做母亲的没有不希望自己的儿女成龙成凤的，但我想最重要的还是希望他们快乐吧。当年我们做的艺术品早就在搬家时被我丢掉了，我也不知道我的女儿还对这件事记得这么深。

可惜我的母亲已经去世25年了，我很惭愧在她活着的时候没能像我女儿对我说的一样对她说：她给我们的爱就是我们最幸福的礼物。

上个月我回台北阳明山去扫墓，第一次扫墓时都会想起当年我女儿最喜欢的一首 Betty Midler 的歌："翅膀下的风"。

我们看见鸟飞以为那是它有翅膀的缘故，它拍拍翅膀就可以飞得高、飞得远了，很少人会想到它的飞翔其实靠的是翅膀下的风在托着它、推动着它的。

母亲像天使，但是老了的母亲更情愿摘下自己的翅膀送给她的子女。

我相信这个世界就是靠着母亲这样像翅膀下的风一样的爱，才能使人向上提升，飞得高、飞得远的。

现在我就用这首歌的歌词代表我的感恩，献给我的母亲、你的母亲和所有的母亲，我翻译如下：

在我的影子里你一定很冷，阳光都被我挡住。

但你一直满足于让我发亮，你一直在我身后跟着，

所有的荣耀都给了我，而你却是我背后最坚强的支柱，

没有名字，只有笑容掩去一切的痛苦。

我能高飞像只老鹰，全因为你是我翅膀下的风。

没有你，我什么也不是。

我总是依靠陌生人的善意

严歌苓

我身无分文地出了门。那是一月的芝加哥，北风刮得紧，回去取钱便要顶风跋涉半小时，无疑是会耽误上课的。

这时我已在地铁入口，心想不如就做个赤贫和魅力的测验，看看我空口无凭能打动谁，让我蹭得上车坐、赊得着饭吃。我唯一的担心是将使芝加哥身怀绝技的扒手们失望。

"蹭"上地铁相当顺利——守门的黑人女士听说我忘了带钱，5 个 1 寸长的红指甲在下巴前面一摆，就放我进去了，还对着我的后脑勺说："要是我说'不'你就惨了！你该感谢上帝，我一天要说 99 个'不'才说一个'是'呢！"

她笑得很狰狞，像个刀下留人的刽子手。

12 时 59 分下课，很想跟同学借点儿午餐钱，又怕他们从此跟我断绝来往。

开学那天，一个大龄男生借了一位女同学 9 块钱，下面就出现了一些议论。所以，我打消了借钱的念头，饿死也得为我们大龄同学们争气。

所有同学都进了校内那个廉价餐厅，我只好去校外一家昂贵的意大利餐馆。

一个意大利小伙子过来在我膝盖上铺开又硬又白的餐巾。我点了鲜贝通心粉，吃最后几根时，我开始在心里排演了。吃不准笑容尺度，但是不笑是不可以的，人家小伙子忙了半天，至少该赚你一个笑容吧。我眼睛盯着账单，手装作漫不经心地在书包里摸那个丢在我卧室枕边的皮夹，然后我已经分不清是真慌张还是假慌张地站起来，浑身上下逐个掏口袋。"灾难啊！"我说，"我的钱包没了！"

小伙子瞪着我。他耐人寻味地看着我搜身，一遍又一遍，然后摇摇头表示遗憾："冬天穿得厚，扒手就方便了。"

我表示非常难过，如此白吃还吃得那么饱。他连说可以谅解，都是扒手的错。他拿了张纸，又递给我笔，请我留下地址和电话。

我说这就不必了，明天保证把饭钱补上，连同小费。可他还是坚持要了我的电话号码。

写完后我抬头笑笑，这一笑，魅力就发射得过分了，因为他的眼神一下子变得楚楚动人的，问："平时可以给你打电话吗？"我打着哈哈，说可以可以。

我打算徒步回家。

走在芝加哥下午 3 点的街道，风吹硬了街面上的残雪，每走一步都要消耗掉一根通心粉的热量。

很快，我放弃了步行，跳上一辆巴士。

一上车我就对司机说我没有钱，一个子儿也没有。司机点点头，将车停在一个路口，客客气气地请我下车。

我红着鼻头对他笑着说："明天补票不成吗？"他鄙夷地说："天天都碰上你这样的！

来美国就为了到处揩美国的油！"我正要指出他的种族歧视苗头，一只皱巴巴的手伸到我面前——是个老头，怀抱一把破竖琴。他把手翻过来打开拳头，掌心有4枚硬币……付完车钱，我立刻拿出我那支值10块美金的圆珠笔，搁在他手里。他说："你开玩笑，我要笔干吗？"他摘下眼镜，给我看他的瞎眼。我问他在哪里卖艺，他说在公立图书馆门口，或在芝加哥河桥头。我说："明天我会把钱给你送过去……"他笑笑，回到自己的座位上。

下了巴士，离我住处还有5站地，我叫了辆计程车。司机是个锡克人，白色包头下是善良智慧的面孔。我老实交代，说钱包忘在家了，他微微一笑，点点头。到了我公寓楼下，请锡克司机稍等，我上楼取车钱。更大的灾难来了：我竟把钥匙也忘在了屋里。我敲开邻居的门。我和这女邻居见过几面，在电梯里谈过天气。女邻居隔着门上的安全链条打量我。我说就借10块钱，只借半小时，等找到公寓管理员拿到备用钥匙，立刻如数归还。

"汤姆！"女邻居朝屋内叫一声，出来一个6岁男孩。女邻居指着我说："汤姆，这位女士说她住在我们楼上。你记得咱们有这个邻居吗？"小男孩茫然地摇头。

我空手下楼，带哭腔地笑着告诉锡克司机我的窘境，请他明天顺路来取车钱，反正我跑不了，他知道我的住处。他又是一笑，轻轻点头，古老的黑眼睛与我古老的黑眼睛最后对视一下，开车走了。

我想起田纳西·威廉姆斯的名剧《欲望号街车》中的一句台词："我总是依靠陌生人的善意。"

这句台词在美国红了至少30年。

读山海经·其一

〔东晋〕陶渊明

孟夏草木长，绕屋树扶疏。

众鸟欣有托，吾亦爱吾庐。

既耕亦已种，时还读我书。

穷巷隔深辙，颇回故人车。

欢言酌春酒，摘我园中蔬。

微雨从东来，好风与之俱。

泛览《周王传》，流观《山海》图。

俯仰终宇宙，不乐复何如？

【译文】

孟夏的时节草木茂盛，绿树围绕着我的房屋。

众鸟快乐地好像有所寄托，我也喜爱我的茅庐。

耕种过之后，我时常返回来读我喜爱的书。

居住在僻静的村巷中远离喧嚣，即使是老朋友驾车探望也掉头回去。

（我）欢快地饮酌春酒，采摘园中的蔬菜。

细雨从东方而来，夹杂着清爽的风。

泛读着《周王传》，浏览着《山海经图》。

（在）俯仰之间纵览宇宙，还有什么比这个更快乐呢？

【赏析】

《读山海经》是陶渊明隐居时所写 13 首组诗的第一首。"孟夏草木长，绕屋树扶疏。众鸟欣有托，吾亦爱吾庐。"诗人起笔以村居实景速写了一幅恬静和谐而充满生机的画面：屋前屋后的大树上冉冉披散着层层茂密的枝叶，把茅屋掩映在一派绿色中，满地的萋萋绿草蓬勃竞长，树绿与草绿相接，平和而充满生机，尽情地展现着大自然的和谐与幽静。绿色掩映的上空鸟巢与绿色掩映的地上茅屋呼应，众多的鸟儿们环绕着可爱的小窝歌唱着飞来飞去，重重树帘笼罩的茅屋或隐或现，诗人踏着绿草，徜徉在绿海中，飘逸在大自然的怀抱中，在任性自得中感悟着生命的真谛。这是互感欣慰的自然生存形态，是万物通灵的生命境界。

"既耕亦已种，时还读我书。"四月天耕种基本结束，乘农闲之余，诗人偷闲读一些自己喜欢的书。"人生归有道，衣食固其端"，衣食是生命必备的物质需求，诗人自耕自足，没有后顾之忧，无须摧眉折腰事权贵，换取五斗粮，在精神上得到自由的同时，诗人也有暇余在书本中吮吸无尽的精神食粮，生活充实而自得，无虑而适意，这样的生活不只是舒畅愉悦，而且逍遥美妙。

"穷巷隔深辙，颇回故人车。欢言酌春酒，摘我园中蔬。"身居偏僻陋巷，华贵的大车一般不会进来，偶尔也有些老朋友来这里享受清幽。"穷巷隔深辙，颇回故人车"根据下文的语境应分两句解，上一句是说身居偏僻陋巷隔断了与仕宦贵人的往来。下一句中的"颇回"不是说因深巷路窄而回车拐走，而是说设法拐进来的意思，根据本文语境"颇回"

在这里应当是"招致"的意思。老朋友不畏偏远而来，主人很是高兴，拿出亲自酿制的酒，亲自种的菜款待朋友，这里除了表示对朋友的热情外，同时含有诗人由曾经的士大夫转为躬耕农夫自得的欣慰。这是诗人对劳动者与众不同的观念突破，诗人抛弃做官，顺着自己"爱丘山"的天性做了农夫，在世俗意识中人们是持否定与非议的。诗人却以"羁鸟恋旧林"世俗超越回归了田园，是任性自得的选择，且自耕自足衣食无忧，是值得赞美的事。这里凸显诗人以自己辛勤的劳动果实招待朋友，不但欣慰自豪，而且在感情上更显得厚重与真挚。

接下来描写读书处所的环境。"微雨从东来，好风与之俱。"这里一语双关，既写了环境的滋润和美，又有好风吹来好友，好友如好雨一样滋润着诗人心田的寓意。"泛览《周王》书，流观《山海》图"，这里"泛览"、"流观"写得非常随心所欲，好像是在轻松愉悦地看戏取乐一样。诗人与朋友在细雨蒙蒙、微风轻拂中饮酒作乐，谈古论今，引发了诗人对闲余浏览《山海经》、《穆天子传》的一些感想，诗人欣慰地对朋友说：他不仅是在皈依自然中觅到了乐趣，还在《六经》以外的《山海经》与《穆天子传》的传说中领略了古往今来的奇异风物，诗人的人生境界不但在现实中得到拔高，而且还在历史的时空中得到了进一步的补充与升华，这俯仰间的人生收获，真使人欢欣无比！

诗的最后4句概述读书活动，抒发读书所感。诗人在如此清幽绝俗的草庐之中，一边泛读《周王传》，一边流览《山海经图》。《周王传》即《穆天子传》，记叙周穆王驾八骏游四海的神话故事；《山海经图》是依据《山海经》中的传说绘制的图。从这里的"泛览"、"流观"的读书方式可以看出，陶渊明并不是为了读书而读书，而只是把读书作为隐居的一种乐趣，一种精神寄托。所以诗人最后说，在低首抬头读书的顷刻之间，就能凭借着两本书纵览宇宙的种种奥妙，这难道还不快乐吗？难道还有比这更快乐的吗？

本诗抒发了一个自然崇尚者回归田园的绿色胸怀，诗人在物我交融的乡居体验中，以纯朴真诚的笔触，讴歌了宇宙间博大的人生乐趣，体现了诗人高远旷达的生命境界。此诗貌似信手拈来的生活实况，其实质寓意深远，诗人胸中流出的是一首囊括宇宙境界的生命赞歌。

乌鲁帕的葵花子

田祥玉

1986 年 4 月 26 日切尔诺贝利核电站 4 号反应堆发生爆炸后，方圆 30 公里的地方迅速被隔离为"死亡区"。在受到核辐射侵害的人群中，52 岁的玛丽亚·乌鲁帕是其中之一。她的家，在离核电站不到 50 公里的地方。

人们仓皇逃离家园，嚎哭着死也不会再回到生养自己的这片土地。乌鲁帕的丈夫、3 个儿子以及年迈的母亲都要离开，但是她说我爱这里，所以不会离开。她哭着送走所有的亲人和邻居，然后回到家里，开始用锄头将干涸的土地刨得松软，准备种一些西红柿和葵花子。

但是接下来 5 年，乌鲁帕的土地不再冒出一点绿色。花园荒芜了，地里再也生不出庄稼。她有时躬下身去寻找蚂蚁，蚂蚁都没有了。儿子在数万公里外的城市里写信给她：妈妈，离开那个鬼地方吧。乌鲁帕一个人坐在木质楼梯上爽朗大笑，露出她没有一颗牙齿的牙床。水质不好、没有蔬菜，不到 60 岁的乌鲁帕牙齿都掉光了，但这并不妨碍她遇到任何可笑的请求时，像精灵古怪的姑娘一样笑得欢畅惬意。

1992 年夏天，乌鲁帕去了一趟基辅。她留下的西红柿和葵花子种子已经用光了，她需要买一些回去。途经一家宠物市场，乌鲁帕买了两只野棕兔和一窝小老鼠。这些小家伙原来在她的花园里泛滥成灾，但是核电站爆炸后，她再也没有发现过它们的踪迹。

第二年春天，乌鲁帕家里只剩下老鼠邦克，兔子阿比和阿诺，还有邦克的兄弟姐妹都死掉了。邦克是乌鲁帕小儿子的名字，只有这个家伙，偶尔钦佩母亲的选择。乌鲁帕总是将老鼠邦克放在她的左肩，它不太听话，但是和乌鲁帕一样在这片荒凉危险的土地上快乐地活着。花园里开出了第一朵向日葵，乌鲁帕就对小老鼠邦克说："亲爱的，秋天的葵花子你一颗我一颗好不好，我们连瓜子壳都不给邦克留好不好？"

邦克去哪里找到了伴侣呢？它竟然在 1993 年秋天为乌鲁帕生了一大窝小老鼠！还有，乌鲁帕在向日葵招展的花园里，竟然发现了野棕兔和鼹鼠！切尔诺贝利在沉睡了 7 年之后，终于开始苏醒。为了犒劳邦克，乌鲁帕卷起袖子，赤脚去普里比亚特河抓鱼。她镶了一套雪白整洁的假牙，可以"咔嚓"、"咔嚓"地跟邦克比赛吃瓜子，也可以替邦克将鱼刺剔得干干净净。

乌鲁帕给儿子们回信，她说，自己活得多么陶醉惬意，一个人这么多年，从未受到任何伤害。她盛情邀请孩子们回来，吃她种的西红柿和葵花子，而且，她开始在已经消失的森林里播种。孩子们不回来，乌鲁帕就给乌克兰所有城市的旅游公司写信，邀请他们来家里做客，说她能酿制美味的松子酒，她种的葵花子颗颗饱满……

1996 年，一位俄罗斯的年轻大学生来到乌鲁帕家里，这是 10 年来她迎接的第一位客人。乌鲁帕兴奋地换上 40 年前的红色嫁衣，为客人跳起了古老的乌克兰民族舞。做了满桌饭菜，好客矜持的乌鲁帕总是自己先尝，当年轻的孩子举起装满松子酒的酒杯时，泪水突然涌出乌鲁帕微笑的眼睛。

随后赶来的科学家开始为这里的动物们进行基因检测，它们的 DNA 确实受到了一定程度的损伤。乌鲁帕微笑着拒绝了医学家的检查。"我们的心灵和梦想，还有我的西红柿和葵花子，都完好美丽如初。"

这片"死亡区"的中心地带重新繁盛起来，乌鲁帕每天都能发现奇异的小动物在她的花园里跳跃。然而没有人会在此长期居留，村里的许多人因为癌症已经离开或者死亡。乌鲁帕穿着自制的棉布长裙，裹着印花蜡染床单做成的头巾，笑逐颜开地接待来自远方国度的，依然对核辐射耿耿于怀的科学家。更多的时候，乌鲁帕穿着被葵花子塞得鼓鼓囊囊的裙子，去森林、田间或河边，给生活在这里的动物送上她亲自种的葵花子。

2007 年，一位科学家告诉她，消除切尔诺贝利核电站泄漏事故的后遗症，至少还需800 年，你不害怕吗？73 岁的乌鲁帕意味深长地说，我不怕后遗症，怕的是人类会卷土重来伤害我的邦克；我不怕切尔诺贝利只剩下乌鲁帕一个人，怕的是我的向日葵还未蔓延整个切尔诺贝利地区，我就要死去。

每个星期扫地7天

澜 涛

1958 年，26 岁的他满怀对人生和梦想的渴求，离开老家湖南偷渡到香港。但是，由于人地生疏，加之他英文有限，广东话又听不懂，又无任何背景，连连碰壁了几天后，他才在一家公司找到一份勤杂工的工作。

那是一份薪水极低的工作，而每天所要做的工作只是周而复始扫地、清洗厕所等等。这对于带着转变人生梦想来到香港的他是一个沉重的打击，但他没有别的选择，因为交纳了偷渡费后，他已经身无分文，如果连这份工作也不做的话，他只有饿肚子。因为公司每星期正常的工作日只有 5 天，星期六和星期日一到，其他勤杂工就都迫不及待地跑出去逛街、游玩、放松。他也异常渴望欣赏一下香港的风貌，游览一下香港的市容，但考虑到公司周六、周日时常会有人加班，而卫生没有人清洁的话将会一团糟，他便在其他勤杂工出去的时候独自留下来，打扫卫生。虽然这只是一份"额外"的工作，但他依然做得一丝不苟。

半年后的一个星期日，公司老板到公司的时候发现了他这个勤劳的勤杂工，很是惊讶，在了解了他每个周末都如此之后，第二天，老板找他谈话后，将他提升为办公室的一名员工。此后，他不断被提升。做了几年公司总经理后，他向老板提出要自己做生意，老板欣然同意，并参股他的公司，他由此开始了对梦想更快捷的追逐。

今天，这个人已经84 岁。他就是2003 年启动了"彭年光明行动"，计划用3 至 5 年时间，捐赠 5 亿元人民币，为中国贫困地区的白内障患者免费实施白内障复明手术的香港亿万富翁余彭年。

每个人都渴求转变命运的机遇，有时机遇很简单，只需要对自己的工作每一天都一丝不苟，而不只是完成所谓的规定。比如，一个星期扫地7 天也可以扫出亿万财富。

自由与克制

〔英〕罗斯金

　　明智的法规和适当的克制，对于高尚的民族而言，虽说在某种程度上不免有点累赘，但它们毕竟不是束人手足的锁链而是护身的铠甲，是力量的体现。请记住，正是这种克制的必要性，如同劳动的必要性一样，值得人类崇敬。

　　每天，你都可以听到无数蠢人高谈自由，就好像它是个无尚光荣的东西，其实远非如此。从总体上来讲，从广义上来讲，自由并不是什么值得炫耀的东西，它不过是低级动物的一种属性而已。

　　任何人，伟人也罢，强者也罢，都不能像游鱼那般自由自在。人可有所为，又必须有所不为，而鱼则可以为所欲为。集天下之王国于一体，其总面积也抵不上半个海大，纵使将世上所有的交通线路和运载工具都用上（现有的再添上将要发明出来的），也难比水中鱼凭鳍游来的方便。

　　你只要平心静气地想一想，就会发现，正是这种克制，而不是自由使得人类引以为荣，进而言之，即便低级动物也是如此。蝴蝶比蜜蜂自由得多，可人们却更赞赏蜜蜂，不就因为他善于遵从自己社会的某种规律吗？普天下的自由与克制这两种抽象的东西，后者通常更显得光荣。

　　确实，关于这类事物以及其他类似之物，你绝不可能单单从抽象中得出最后的结论。因为，对于自由与克制，倘若你高尚地加以选择，则二者都是好的；反之，二者都是坏的。然而，我要重申一下，在这两者之中，凡可显示高级动物的特性而又能改造低级动物的，还是有赖于克制。而且，上自天使的职责，下至昆虫的劳作，从星体的均衡到灰尘的引力，一切生物、事物的权利和荣耀，都归于服从而不是自由。太阳是不自由的，枯叶却自由得很；人体的各部没有自由，整体却和谐，相反，如果各部有了自由，则势必导致整体的溃散。

因为怕落后所以戒掉午睡

雷 军

在我的印象中，很多名人都是在大学成名的，我当时也想利用大学的机会证明我的优秀。我本来有午睡的习惯，但看到有同学不睡午觉看书的时候，就把午睡的习惯改掉了。我特别害怕落后，怕一旦落后，我就追不上，我不是一个善于在逆境中生存的人。我会先把一个事情想得非常透彻，目的是不让自己陷入逆境，我是首先让自己立于不败之地，然后再出发的人。

我学电脑是从"泡机房"开始的。那时候学校的计算机少，我就每天泡在机房里，如果有人上课没到，我就去用空出来的电脑；如果有人不懂，我借指导的机会用一会儿电脑；实在不行，就坐在一边看。泡机房就必须提前一个小时去在门前排队，武汉的冬天是没有暖气的，非常冷，但机房里又必须穿拖鞋，因此经常冻得直哆嗦。后来我去得太频繁，以至于机房管理员见着我，二话不说直接就往外轰。

大学一年级的时候，我在图书馆读了一本书，叫《硅谷之火》。那本书就是讲述硅谷一帮年轻人创业的故事，包括乔布斯。然后我就下定决心创业，想创办一家世界一流的企业，想做一件伟大的事情。

我40岁前已经干了不少事，卓越卖了、金山上市了、天使投资也不错，但我迷茫了，18岁的理想一直没有实现，觉得心里不踏实。一个人能够消费的财富是有限的，唯有理想才是保持后劲和激情的动力。缺乏方向的生活会让人觉得很郁闷，而理想不但让人充实，也会使人在奋斗过程中不受欲望的干扰，在众多的诱惑面前不至于迷失方向。

2010年4月，我和几个合伙人创办了小米。其实我觉得下定决心做小米，不是一件容易的事情，我其实焦虑过很多的事情。比如说我要去做手机，我以前从来没有做过手机，有谁相信我可以做手机？有谁愿意跟我一起去做手机？有哪个投资者愿意把钱给我去做手机？这是我无比焦虑的一个问题。

痛苦归痛苦，我坚信小米公司会很有前景，因为我们找到了一个台风口，这个台风口就是智能手机的兴起。原来用功能手机的人，逐步都觉得要换智能手机了，所以这个时候市场需求非常大。对于小米，我心里想得很清楚，是我这一辈子创办的最后一个实业的公司。我对小米的员工们说，我们刚创业，没有什么可失去的，我们就是一无所有，我们是无产者。我们每天多卖一部手机，就多获得一个用户，多取得一个进步。我们最大的好处是没有包袱，我们在所有的竞争里面没有包袱。

做小米手机之后，我对其他创业者最大的建议就是做你喜欢做的事情。有时候大道理和那些励志成功的书看多了，都觉得有一堆的道理，其实没什么道理，就做你喜欢做的，认认真真地做，用心做就行了，这个用心是对的。

我可能比很多创业者幸运，因为我曾经有过几次成功的创业，但其实每次创业的失败概率和第一次创业是一样的，不要以为我比别人有更多的经验，往往这些经验，闹不好都是陷阱。

创业的最大的风险是心态。创业做不好的核心原因是心态——急于求成，觉得自己什么都懂，觉得自己很厉害。我是把心放到什么都不懂的状态来创业的。我跟自己说，偷偷地干个小米，干成了咱就干，干不成了，咱就不承认。

我经常和一些创业者分享经验，小米的创业是走群众路线，依靠群众，相信群众，从群众中来，到群众中去。小米起步时没多少钱，也没多少人，只能琢磨如何动员更多的人，帮助我们把产品做好。

我们在互联网上，把人民群众全部发动起来，全世界的"米粉"都自发来帮我们，将MIUI产品翻译了25个国家的语言版本，帮我在17个国家建立了网站，帮助我做了1000套主题，1万种问答方案，帮助我在小米论坛里，发1.3亿条帖。

小米从来不把用户当成数字，而是当成朋友，这个道理很简单，你的手机卖给了朋友，然后它坏了，一修修7天，你肯定自己就无法接受。如果我朋友手机坏了，说实话一个小时修不好，我就烦躁不安，算了，再给他一个新的得了。当你把用户当朋友看的时候，所有问题都不一样了。

我经常听到有创业者抱怨，大公司复制了他们的产品、模式，让他们无路可走。其实，在我办小米之前，我一天到晚在想，假如腾讯干了，我会怎么样；假如百度干了，我会怎么样；假如阿里干了，我会怎么样？

最终我发现，一定要面对这个现实，创业就是需要在现有的环境下，找出新市场，抱怨没有用。创业者不能寄希望于大公司犯错误，而应该在大公司的缝隙里面找到机会，努力地把东西做到极致，做到别人没办法抄的程度，你才有了生存之道。

进取之心成就小米

雷 军

小米的成功见证进取之心是一种时代精神和民族面貌。

四年前，我们创办了小米，但今天的规模和成长的速度的确始料未及。我曾说过，台风来的时候，猪都能飞。小米的确站在了移动互联网的台风口。但今天的成绩，除了大势，还有一点，至关重要，那就是"进取之心"。

进取之心，就是不满足于现状，有旺盛的求知欲和强烈的好奇心，勇于挑战更高的目标，坚持不懈并为之付出超乎寻常的努力。

进取，首先需要勇气和决心

小米的几个创始人，创办小米之前，就已在各个领域中小有成就，平均40岁，但是大家还是愿意聚在一起，放弃一些已有的东西，冒很大风险，挑战自己，做一些前人从未做到过的事。比如负责手机团队的周光平博士，在摩托罗拉干了十五年，海归，早已财务自由，现在57岁了，但还和年轻人一样风风火火，深夜里还在办公室里开会，在小米社区回复用户的问题和建议。如果看到这些，你就能感受到做小米需要的勇气和决心。

只有经历过，才能真正懂得。第一代小米手机发布前，我们已经高强度下努力奔跑了一年多时间，我们创立了MIUI每周更新的互联网开发模式，赢得了50万核心发烧友用户；我们的同事从零开始死磕下了全球数百家顶级元器件供应商；小米手机发布后曾经遭遇泰国洪水而面临供货困境，也是通过咬牙急起直追才尽快实现了产能的快速爬坡。产能爬坡和经验积累对任何一家厂商而言都是必经之途，从来都没有捷径。小米拿出了最大的诚意、投入了巨量的资金，工程师们付出了巨大的努力，才逐步跨越一道道产能关口，走到了国内出货量的第一阵列。

进取，需要付出超乎寻常的努力

当业内同行都在以6个月为周期推出新品时，小米的每款产品生命周期都在18个月，这在当下，极为罕见。无他，只因为小米做手机付出超乎寻常的努力。

比如红米这样一款千元机，我们都先后做了两个不同的方案。第一个方案的体验不能让我们满意，直接放弃，这代表着4000多万元的先期研发就浪费了。这不是个小数目，但只有这样才能做出让人尖叫的产品。在发布前，我们又把999元的定价直接定到799元，才造就了红米在千元机市场王者的地位。

其实，如今小米的产品，都会准备同时启动好几个方案，在最终推出时选择最优的一个。反复锤炼胜出的产品才能在4年里大踏步前进，工艺、设计才能稳步提升，小米单品长周期的爆款路线才得以实现。

不仅仅是硬件，小米的 Android 深度定制系统 MIUI 也是与用户一起，不断锤炼至今，每周更新已将近 200 周。从每天更新的内部测试版到每周更新的开发版再到面向 6300 万用户的稳定版，MIUI 每一项更新都会经过多层灰度测试，反复琢磨才会与用户见面，并且在此之后也是不断演进。

只有超乎寻常的努力，才能做出真正的好产品，才能成就小米。

进取，需要宽广的胸怀

小米的成长离不开零组件产业链和移动互联网开发者生态的鼎力支持。当我们取得了一些成绩之后，也应当承担起为行业做出贡献的责任。

譬如小米平板，我们在创业四年后才发布，是因为它难在 Android 平板生态还远不够成熟。实际上，我们从开始准备小米平板产品到正式发布，整整用了两年。

通常生态推动者都是芯片方案商或操作系统商，因为它们能从生态崛起中获得普遍的利益，但小米作为一个设备商却愿意承担起推动开发生态的责任。我们愿意做率先栽树让整个行业乘凉受益的贡献，届时友商们只要出屏幕比例、分辨率兼容的设备就能直接分享 Android 平板开放的应用生态链成果了。

此外，过去半年中我们还在推动供应链伙伴的自动化生产。因为工厂之前还在大量地使用人工生产，但人工成本越来越高，并且品控不够稳定，我们愿意投入大量资源、精力，协助他们提升自动化生产比例，使得品控、产能更有保证，能够把更多的就业机会投入到更多的产线上去。

独善其身不是真成就，行业成熟摘果子也不算真本事，小米愿意给行业做出更多贡献，让全行业都能分享小米生态成长的成果，共同推进行业成长。

进取，需要更远大的梦想和抱负

一家中国公司，坐拥全球最大的消费市场，在本土作战的优势下，取得了业内侧目的成绩，大概可以很满足了。但我们并没有把自己只定位在中国市场，因为我们向往的征途还在更广阔的天地。

以后的战场将在全球。今年，我们一不小心就有机会进入全球前五了，未来我们将向全世界展示来自中国的科技创新力量。

通过 30 年的努力，中国成了全球制造大国。在移动互联网的台风口中，到了中国制造转进中国创造，制造的规模托起闪光的品牌，中国消费电子业者真正踏上全球舞台的时候了。看看索尼、三星这些前代"亚洲科技之光"，都是因势而起，站在消费电子行业革新的巨浪上。他们的成功不仅仅使自身得以享誉全球，更是代表着国民的自豪信念和国家整体产业链条的崛起，向全球发出自信宏亮的声音。

所以，进取之心是一种时代精神和民族面貌。中国已经是世界第二大经济体，中国的品牌也应当面向全球，以规模赢得产业话语权，以品质赢得赞誉、信赖，以胸怀、境界赢得尊重。

咏怀·夜中不能寐

〔三国〕阮　籍

夜中不能寐，起坐弹鸣琴。
薄帷（wéi）① 鉴明月，清风吹我襟。
孤鸿号外野，翔鸟鸣北林。
徘徊将何见？忧思独伤心。

【译文】

深夜难眠，起坐弹琴，单薄的帏帐照出一轮明月，清风吹拂着我的衣襟。孤鸿在野外悲号，翔鸟在北林惊鸣。徘徊逡巡，能见到什么呢？不过是独自伤心罢了。

【赏析】

阮籍的诗大量运用了比兴象征、神话传说、以景寓情、借古讽今等表现手法，曲折隐晦地抒写愤世嫉俗、感慨郁闷的内心世界，形成了言近旨远的艺术风格。他的《咏怀》82 首是十分有名的抒情组诗，以"忧思独伤心"为主要基调，具有强烈的抒情色彩。在艺术上多采用比兴、寄托、象征等手法，因而形成了一种"悲愤哀怨，隐晦曲折"的诗风。

这是阮籍八十二首五言《咏怀诗》中的第一首。诗歌表达了诗人内心愤懑、悲凉、落寞、忧虑等复杂的感情。不过，尽管诗人发出"忧思独伤心"的长叹，却始终没有把"忧思"直接说破，而是"直举情形色相以示人"，将内心的情绪含蕴在形象的描写中。冷月清风、旷野孤鸿、深夜不眠的弹琴者，将无形的"忧思"化为直观的形象，犹如在人的眼前耳畔。读者可从诗中所展示的"情形色相"中感受到诗人幽寂孤愤的心境。但是那股"忧思"仅仅是一种情绪、一种体验、一种感受，人们可以领略到其中蕴涵的孤独、悲苦之味，却难以把握其具体的内容。"言在耳目之内，情寄八荒之外"，即是此诗显著的特点。

其实，如果能透彻地了解阮籍其人，此诗也并不难解。阮籍"本有济世志，属魏、晋之际，天下多故，名士少有全者，籍由是不与世事，遂酣饮为常"（《晋书·阮籍传》）。正如他"醉六十日"，以使文帝之"为武帝求婚于籍"，终于"不得言而止"一样，"酣饮"不过是他用以逃避现实的手段，内心的痛苦却是无法排遣的。史书中"时率意独驾，不由径路，车迹所穷，辄恸哭而反"的描写，就正是他痛苦内心的深刻表现。所以这首诗，只要看他"孤"、"独"二字，就不难"曲径通幽"了。

此诗起首，诗人就把读者引入了一个孤冷凄清的夜境："夜中不能寐，起坐弹鸣琴。""酣饮为常"的诗人在此众生入梦之时，却难以入睡，他披衣起坐，弹响了抒发心曲的琴弦。这是从实景来理解。然而，也不妨把这"夜"看成是时代之夜，在此漫长的黑夜里，"众人皆醉我独醒"，这伟大的孤独者，弹唱起了具有里程碑意义的诗章。这两句诗，实际上是化用王粲《七哀诗》诗句："独夜不能寐，摄衣起抚琴。"

① 帷：围在四周的帐幕。

　　三四句诗人进一步描写这个不眠之夜。清人吴淇说："'鉴'字从'薄'字生出……堂上止有薄帷。……堂上帷既薄，则自能漏月光若鉴然。风反因之而透入，吹我衿矣。"（《六朝诗选定论》）进一步，我们还可以从这幅画面的表层意义上，感受到诗人的旨趣。诗人写月之明，风之清，正衬托了自己的高洁不群；写"薄帷"、写"吹我襟"，真让人感觉冷意透背。这虽非屈子那种"登昆仑兮食玉英"的浪漫境界，但那种特立危行，不被世俗所理解的精神却是一致的。

　　五、六句，诗人着重从视觉、感觉的角度描写，五六句不但进一步增加了"孤鸿"、"翔鸟"的意象，而且在画面上增添了"号"、"鸣"的音响。这悲号长鸣的"孤鸿"、"翔鸟"既是诗人的眼前之物、眼前之景，又同时是诗人自我的象征，它孤独地飞翔在漫漫的长夜里，唱着一曲哀伤的歌。"北林"化用《诗经》"鴥（音"郁"）彼晨风，郁彼北林。未见君子，忧心钦钦"（《秦风·晨风》）之典，从而暗含了思念与忧心之意。"北林"与"外野"一起进一步构成了凄清幽冷之境界。

　　结尾二句"徘徊将何见？忧思独伤心"，诗人的笔触从客体的自然回到主观的自我，有如庄周梦为蝴蝶后"蘧（音"渠"）蘧然而觉"，心里有无限感慨，却又无处诉说，他也许想到许多许多："壮士何慷慨，志欲威八荒"（《其三十九》），却"终身履薄冰，谁知我心焦"（《其三十三》），"独坐空堂上，谁可与亲者"（《其十七》）。诗人只能永远得不到慰藉，只能是怀着无限的忧思，永恒的悲哀，孤独地徘徊。

　　纵观全诗，似是"反复零乱，兴寄无端"（沈德潜语），"如晴云出岫，舒卷无定质"（王夫之语），但如果把握了诗人"悲在衷心"的旨趣，就自可理解这首"旷世绝作"。"言在耳目之内，情寄八荒之表"，钟嵘在《诗品》中对阮籍诗的评价，当是不易之论吧！

心灵种子

许 韬

神使在天边一个角落发现了一粒种子，这粒种子已经存在很多年了，一直没有发芽，也没有腐烂。神使查过神谱后才了解到，在上古的一次事故中，有一颗心灵种子从万物之神的手缝里掉了出来，被遗忘在这个角落里。只有在一位神扔到一个人心里去的时候，才会发芽，但神谱中并没有说，这颗种子到底会结出恶之花还是善之果。

一天，神使在半空悠游之时，看见下面草地上有一个小男孩，他在自得其乐地玩耍，专注而快乐。神使盯着他看了很久，终于决定要把这颗种子播到这个孩子的心里，"这一次，让命运之神来决定善恶分野吧。"

神使轻轻飞到小男孩的上空，将种子播进男孩的心里。这个孩子正在专心致志地看着周围飞来飞去的一些小鸟，神使看到这颗种子迅速发芽，开始占据孩子的心。"这到底是一颗什么种子呢？"神使紧盯着孩子的眼睛。

这个孩子看着这些快乐的飞鸟，突然，他有了一种想法，他非常想拥有一只，他非常想将一只小鸟握在手里，仔细地欣赏把玩，这种愿望是如此强烈，以至于他立即开始思考怎样才能抓到一只。他拣起地上的石块，向空中的小鸟扔去，小鸟们被突如其来的袭击吓得惊恐地四处乱飞。

"这是一颗贪欲的种子。"神使一边失望地自言自语，一边好奇地看着小男孩不知从哪儿弄来一个圆塑料筐和一根长线，以及一个装着碎饼干屑的纸袋。

小男孩将一些饼干屑抛向四周，单纯的小鸟们立刻原谅了他刚才的莽撞，兴奋地啄食地上的美味。小男孩将圆塑料筐用一根小木棍支起来，里面撒些饼干屑，并将长线绑在小木棍上。神使立刻明白了他要做什么："这个狡猾的小恶魔。"

这个小男孩远远地拉着长线，兴奋地看着两只小鸟一步一步走向他布的陷阱。

两只小鸟在筐外蹦蹦跳跳，试探着，不敢立刻钻到筐子下面吃那些可口的饼干屑。它们交头接耳，互相商量了一阵，终于忍不住诱惑，钻了进去，它们开心地享受着美食，叽叽地轻叫着，无比惬意地互相轻蹭着对方。它们可爱的小黑眼睛已经完全没有了警戒，只有欢乐，欢乐。

神使略有些奇怪：这个小恶魔为什么不趁此良机下手？

然而这个小男孩的眼神有了变化，他非常认真地看着两只小鸟，它们是如此快乐安详，这时候，如果天塌下来，将对它们意味着什么？所有的快乐立即变成极度的恐惧与痛苦。

他想起有一次当他玩耍后非常快乐地回家时，看见家里一片狼藉，母亲坐在地上痛苦地哭泣，父亲则无影无踪，他意识到家里又吵架了。他永远忘不了那种从开心的天堂坠入黑暗地狱的感觉。

这两只小鸟多么像那天回家前的他啊!

在那一刻,他觉得这世上的每一个生命都是那么值得珍惜,而结束每一个生命的快乐是那么可怕的一件事情。

可是,这两只小鸟是多么可爱啊,它们的毛色是那么鲜艳,叫声是那么好听!

它的小手牵着长线,只要往后一拉,两只小鸟就是他的了,真是举手之劳。

最后,这个小男孩突然站了起来,两只小鸟立刻扑腾着飞上了天,但并不太惊慌,它们永远也不会知道刚才经历了什么。

小男孩松了口气,略有些遗憾地看着飞远的小鸟,但他脸上更多的是舒心的笑容。他朦胧地意识到,如果刚才把两只小鸟捉到手的话,短暂的快意之后肯定是长长的后悔。

现在,他什么也不用后悔,他继续自得其乐看着天上的云,地上的花草树木,以及飞来飞去的小鸟,开心地独自玩耍。旁边偶尔走过的大人笑着说,这个孩子已经在这儿傻玩了一整天了。

神使从云端纵身跃下,在浑然不觉的小男孩额头上深深一吻。

随后,神使急遽(jù)① 飞上天,他洪亮的声音在天宇回荡:你不忍心,我的孩子。你不忍心让一颗柔弱的小草在你脚下折断,你不忍心让一只旷野的小鸟没有归宿,你不忍心让任何一个生命中止他的快乐。

你不忍心,我知道。当你看见奔波忙碌的父母时,你心有所感;当你看见衣衫褴褛愁容满面的人时,你心有所悲;当你看见煦风轻拂、万物和谐时,你心有所悟。

你不忍心,你要让快乐延续,你要使周围的人欢笑,正因为此,你克制住与生俱来的贪欲、恐惧与懒惰,去做那些我为你而骄傲的事情。

你不忍心,我的孩子! 这一刻,你已经触摸到了我的衣襟。

---

① 遽:急速,仓猝,匆忙。

一句话的力量

冯 磊

阿里巴巴公司董事局主席马云在接受媒体采访的时候，曾经讲过一个有趣的故事。

马云说，自己读书的时候，最得意的是英文。而他的英文成绩之所以好，则完全取决于地理老师的一句话。

读中学的时候，马云的地理老师非常漂亮。这位有着美丽容貌的女教师讲课让人如沐春风，自然成了中学生们的崇拜偶像。而在这些崇拜者中，自然也少不了马云。

马云清楚地记得，一次课堂上，这位老师讲了一件事，马云受益终生。她说，在西湖边上，几个外国人问她中国地理，她英文也很好，自然对答如流。老师总结说，你们要学好地理，不然他们问你的时候，你会给中国人丢脸。

——不要给中国人丢脸。老师的这句话，成了这个杭州中学生学习外语最大的动力。

回到家里，每天按时听英文广播。而那位地理老师常去的西湖边，也成了他的最爱。以后每次遇到外国人，马云就凑上去和人讲话。他的英语口语就这样一天天流利起来。

俗话说得好：兴趣是最好的老师。由于英语成绩出色，马云考入浙江师范学院外语系。此后，凭借优异的英文水平和吃苦耐劳、永不言败的精神，马云的命运发生了改变。

1995 年 4 月马云创办了"中国黄页"网站，这是第一家网上中文商业信息站点，在国内最早形成面向企业服务的互联网商业模式。

1997 年年底，马云和他的团队在北京开发了外经贸部官方站点、网上中国商品交易市场等一系列国家级站点。

1999 年初，马云回到杭州以 50 万元人民币创业，开发阿里巴巴网站。

2001 年，中国企业"入世"，为了更好地开拓国际市场，阿里巴巴推出"中国供应商"服务，向全球推荐中国优秀的出口企业和商品，同时推出"阿里巴巴推荐采购商"服务，与国际采购集团沃尔玛、通用电气、Markant 和 Sobond 等结盟，共同在网上进行跨国采购。

同年，哈佛商学院在中国公开阿里巴巴经营管理实践的 MBA 案例，并再次将阿里巴巴转型期的管理实践选为案例研究。9 月，美国权威财经杂志《福布斯》再次将阿里巴巴选为全球最佳 B2B 站点之一，成为中国唯一入选网站。2000 年 10 月，美国亚洲商业协会评选马云为本年度"商业领袖"，以表彰他在创新商业模式及帮助各国企业进入国际市场实现全球化方面所做出的贡献。

——而这一切，则都源于当初那位地理老师的一句激励的话语。

城市为什么需要记忆

冯骥才

在当前中国地毯式的城市建设改造中，记忆，这个并不特别的词语愈来愈执著地冒出来，提醒着我们遗忘和丢弃的"罪过"。许多人会问，城市难道不是愈新、愈方便、愈现代愈好吗？为什么需要记忆？难道为了那些看不见摸不着的记忆，就让我们的城市破破烂烂地堆在那里吗？

我们每个人的心中都有关于过去和成长的记忆，城市也一样，也有从出生、童年、青年到成熟的完整的生命历程，这些丰富而独特的过程全都默默保存在它巨大的肌体里，城市对于我们，不仅是可供居住和使用的场所，而且是有个性价值与文化意义的。

承载城市记忆的既有物质遗产，也有口头与非物质遗产。城市最大的物质遗产便是一座座建筑，还有成片的历史街区、遗址、老字号、名人故居等。它们纵向地记忆着城市的历史脉络与传承，横向地展示着城市宽广深厚的阅历，并在这纵横之间交织出每个城市独有的个性。我们总说要打造城市的"名片"，其实最响亮和夺目的"名片"，就是不同的城市所具有的不同的历史人文特征。

由于城市的不断改造与扩建，再加上一些不可抗拒的灾难性变故，可以说，记忆与忘却总是如影随形。城市本身不可能有自觉的记忆，它需要我们去主动地保护。保护城市的记忆，绝不仅仅因为它是一种旅游资源或是什么"风貌景观"，而是要见证城市生命从无到有不断成长的历程，使其独特的地域气质与丰富的人文情感可触、可感；也不是为了满足个人或群体的怀旧情绪，甚至只是留下几座孤立的"风貌建筑"，却随手把许多极其珍贵的街区大片抹去。这样的"保护"，留下来的恐怕只是残缺的记忆碎片。

走在拆旧建新之后看起来千篇一律的城市里，你是否会觉得是在和一群满身珠光宝气却"腹内空空"的暴发户对话？谁会希望自己的城市成为失忆症患者？谁又想成为流浪的孩子而找不到回家的路？

请你相信，我一定回来

姜钦峰

一名身绑炸药的歹徒闯入校园，挟持两名中学生与警方对峙。歹徒时而仰天大笑，时而痛哭流涕，情绪异常激动，而他提出的条件更令人哭笑不得：要求警方立即枪决犯人李某，否则就与人质同归于尽。

警方迅速查清了歹徒的身份和背景。此人曾在采石场工作多年，精通爆破技术，后来改行经商，一个月前被最好的朋友李某骗得倾家荡产，因此精神受到极大刺激。李某因涉嫌诈骗已被逮捕，法律自会给他公正的判决。歹徒提出的条件近乎荒谬，警方当然不可能答应。歹徒虽然失去理智，却丝毫不笨，他身上绑的是挤压式炸药，只要受到三公斤以上的外力压迫就会引爆，如果他倒地同样会引起爆炸，因此警方不能将其击毙。

为了稳住歹徒，警方派出了谈判专家与其周旋，准备伺机而动。谈判从早晨一直持续到中午，歹徒的情绪稍稍稳定，再加上长时间的高度紧张导致体力下降，他不自觉地放松了警惕，两名特警悄无声息地迅速向他身后靠近。眼看大功即将告成，那名被挟持的女生忽然向歹徒提出要上厕所，另一名男生也跟着说要上厕所。歹徒先是一愣，顿时警惕起来，"想逃跑，没那么容易，当我是傻瓜啊？"他环顾四周，立即发现了身后的一切。他下意识地拉紧了手中的炸药引信，暴跳如雷，"骗子，你们全都是骗子！"警方功亏一篑，气氛骤然紧张。

此时哪怕尿裤子也不能吭声啊，可他们毕竟只是两个孩子，哪能想到那么多。片刻之后，歹徒忽然又大笑起来，一跺脚，大声叫道："好，我同意你们上厕所，但是只能一个一个轮流去，如果一个不回来的话，那么剩下的人就给我陪葬！"他已不再相信警察，那种口气根本不容商量，两个孩子吓得脸色煞白。这一招真够歹毒，谁都明白，在那种场面之下，无论谁先走了也不会再回来送死。让谁先离开呢？

事发突然，此刻连警察也拿不出更好的应对之策，空气顿时凝固了，犹如箭在弦上，悲剧一触即发。两个孩子面面相觑，不知所措。"再不走，你们两个现在就陪我一起死。"歹徒为自己的"创意"感到得意，不断威胁催促。僵持片刻，男孩首先开口，对女孩说："我是男子汉，你先走吧。"女孩仿佛得到特赦，转身就走，刚走出两三步，忽又停住，回过头告诉男孩："请你相信，我一定回来。"声音很小，却字字清晰。男孩苍白的脸上泛起淡淡的笑容，冲她点了点头，"我相信你。"女孩一路小跑，离死神越来越远……

此时，如果从全局着想，最完美的方案当然是女孩上完厕所再回去当人质，至少这样不会刺激歹徒的情绪，然后再从长计议。可是女孩好不容易才死里逃生，警方总不能劝人家再往火坑里跳，是否回去只能由她自己做主。时间似乎停止了，每一秒钟都像过了一年，现场一片寂静。

还好，几分钟后，女孩上完厕所后主动回去了。歹徒大感意外，有些沮丧，又有些不甘心，只好把男孩放出去。男孩临走时也告诉女孩："请你相信，我一定回来。"女孩报以信任的微笑。男孩上完厕所，正往回走，围观人群中忽然跑出一个女人，一把将他抱住，放声痛哭；男孩叫了一声"妈"。歹徒清楚地看到了这一幕，掩饰不住得意之色，他知道，世上没有一个母亲会眼睁睁地看着儿子涉险。歹徒手拉着引信仰天狂笑，凄厉的笑声撕破了校园的宁静，令人毛骨悚然。

女孩的身体在微微颤抖，绝望地闭上了眼睛。可谁也没料到，那个母亲擦干眼泪，松开手，拍了拍男孩的肩膀，"儿子，你是男子汉，警察叔叔在，咱什么都不怕！"得到母亲的鼓励，男孩继续向歹徒走去。看到女孩和男孩先后回来，歹徒一脸的不可思议，双眼死死盯着两个孩子，表情复杂而又奇怪。出人意料地，几分钟后，他举起了双手，向警方投降。

那天，我在现场跟踪采访，亲眼目睹了事件发生的全过程，至今想起依然惊心动魄。

几天后，我在看守所又见到了那名歹徒。我问他，那天为何突然放弃了抵抗？他说："自从那次被朋友欺骗之后，我就开始怀疑世界，再也不相信任何人，所以我要报复所有人。但是那天，当我看到两个孩子彼此以生命相托时，我突然发现，我错了！"

他终于明白，人与人是可以相互信任的。

流露你的真表情

毕淑敏

学医的时候，老师出过一道题目：人和动物，在解剖上的最大区别是什么？

学生们争先恐后发言，都想由自己说出那个正确的答案。这看起来并不是个很难的问题。

有人说，是直立行走。先生说，不对。大猩猩也是可以直立行走的。

有人说，是懂得用火。先生不悦道，我问的是生理上的区别，并不是进化上的异同。

更有同学答，是劳动创造了人。先生说，你在社会学上也许可以得满分，但请听清我的问题。

满室寂然。

先生见我们混沌不悟，自答道，记住，是表情啊。地球上没有任何一种生物，有人类这样发达的表情肌。比如笑吧，一只再聪明的狗，也是不会笑的。人类的近亲猴子，勉强算做会笑，但只能做出龇牙咧嘴一种表情。只有人类，才可以调动面部的所有肌群，调整出不同含义的笑容，比如微笑，比如嘲笑，比如冷笑，比如狂笑，以表达自身复杂的情感。

我在惊讶中记住了先生的话，以为是至理名言。

近些年来，我开始怀疑先生教了我一条谬论。

乘坐飞机，起飞之前，每次都有空中小姐为我们演示一遍空中遭遇紧急情形时，如何打开氧气面罩的操作。我乘坐飞机凡数十次，每一次都凝神细察，但从未看清过具体步骤。小姐满面笑容地伫立前舱，脸上很真诚，手上却很敷衍，好像在做一种太极功夫，点到为止，全然顾及不到这种急救措施对乘客是怎样的性命攸关。我分明看到了她们脸上挂着的笑容和冷淡的心的分离，升起一种被愚弄的感觉。

我遇到过一位哭哭啼啼的饭店服务员，说她一切按店方的要求去办，不想却被客人责难。那客人匆忙之中丢失了公文包，要她帮助寻找。客人焦急地述说着，她耐心地倾听着，正思谋着如何帮忙，客人竟勃然大怒，吼着说："我急得火烧眉毛，你竟然还在笑！你是在嘲笑我吗！"

"我那一刻绝没有笑。"服务员指天画地对我说。

看她的眼神，我相信这是真话。

"那么，你当时做了怎样一个表情呢？"我问。恍恍惚惚探到了一点头绪。

"喏，我就是这样的……"她侧过脸，把那刻的表情模拟给我。

那是一个职业女性训练有素的程式化的面庞，眉梢扬着，嘴角翘着……

无论我多么同情她，我还是要说——这是一张空洞漠然的笑脸。

服务员的脸已经被长期的工作，塑造成了她自己也不能控制的形状。

表情肌不再表达人类的感情了。或者说，它们只是一种表情，就是微笑。

　　我们的生活中曾经排斥微笑，关于那个时代，我们已经做了结论，于是我们呼吁微笑，引进微笑，培育微笑，微笑就泛滥起来。银屏上著名和不著名的男女主持人无时无刻不在微笑，以至于人们不得不疑问——我们的生活中真有那么多值得微笑的事情吗？

　　微笑变得越来越商业化了。他对你微笑，并不表明他的善意，微笑只是金钱的等价物；他对你微笑，并不表明他的诚恳，微笑只是恶战的前奏；他对你微笑，并不说明他想帮助你，微笑只是一种谋略；他对你微笑，并不证明他对你的友谊，微笑只是麻痹你的一重帐幕……

　　当然，我绝不是主张人人横眉冷对。经过漫长的时间隧道，我们终于笑起来了，这是一个大进步。但笑也是分阶段，也是有层次的。空洞而浅薄的笑，如同盲目的恨和无缘无故的悲哀一样，都是情感的赝品。

　　有一句话叫做"笑比哭好"，我常常怀疑它的确切。笑和哭都是人类的正常情绪反应，谁能说黛玉临终时笑比哭好呢？

　　痛则大哭，喜则大笑，只要是从心底流露出的对世界的真情感，都是生命之壁的摩崖石刻，经得起岁月风雨的推敲，值得我们久久珍爱。

梅花落·中庭杂树多

〔南朝〕鲍 照

中庭杂树多，偏为梅咨嗟。问君何独然？念其霜中能作花，露中能作实。摇荡春风媚春日，念尔零落逐寒风，徒有霜华无霜质。

【译文】

庭院中有许许多多的杂树，却偏偏对梅花赞许感叹，请问你为何会如此？是因为它能在寒霜中开花，在寒露中结果实。那些只会在春风中摇荡，在春日里妖媚的，你一定会飘零，在寒风中追逐，因为你徒有在寒霜中开花却没有耐寒的本质。

【赏析】

《梅花落》属《横吹曲》，在郭茂倩《乐府诗集》中，鲍照的这首《梅花落》还算是较早的一首。诗的内容是赞梅，但是作者先不言梅，而"以杂树衬醒，独为梅嗟"。诗人说庭中的杂树众多，可他却偏偏赞叹梅花。如果读者再往下看，这发端的一句，又不仅仅是起着"衬醒"的作用，因为"衬醒"的效果，使得高者愈高，低者愈低，于是便触发了"杂树"的"不公"之感，因而也就按捺不住地提出质问——"问君何独然？"这"问"的主语便是"杂树"。

"独"字紧扣着"偏"字，将问题直逼到诗人面前，诗人回答得也很爽快，那是因为梅花不畏严寒，能在霜雪之中开花，冷露之中结实。这是赞梅的理由。但是，为了使"偏"与"独"有所交待，也为了使发问者（杂树）对自己有所了解，所以接着又说：想想你们吧，只能招摇于春风，斗艳于春日，即使有的也能在霜中开花，却又随寒风零落，终没有耐寒的品质，是所谓"寒暑在一时，繁华及春媚"（鲍照《咏史》）。如此相比，则"偏为梅咨嗟"一语，便得到全面而有力的阐发。

明代钟惺说这首诗："似稚似老，妙妙"（《古诗归》）。这个评语颇有见地，也很耐人寻味。这首诗结构单纯，一二两句直抒己见，第三句作为过渡，引出下文的申述。言辞爽直，绝无雕琢、渲染之态，比如对梅的描写，这里就见不到恬淡的天姿，横斜的身影，也嗅不到暗香的浮动，更没有什么高标逸韵，力斡春回的颂词，而只是朴实无华，如实道来——霜中能作花，露中能作实；其句式韵脚，亦随情之所至，意之所需，有五言，也有七言；"以花字联上嗟字成韵，以实字联下日字成韵"（沈德潜《古诗源》），新奇而不造作。诗人以如此单纯朴拙、随意自然的形式，说着并不怎么新鲜的事情，确有几分"稚"趣。然而，"念其"、"念尔"，不无情思，足见褒贬之意，早存于心，所以观点鲜明，一问即答，且能不枝不蔓，舍形取神，切中要害，是亦决非率意而成。

"今日画梅兼画竹，岁寒心事满烟霞"（郑板桥《梅竹》）。画家"心事"在画中，诗人的"心事"也藏在诗中。《南史·本传》中的记载："（鲍）照尝谒（刘）义庆，未见知，欲贡诗言志，人止之曰：郎位尚卑，不可轻忤大王。照勃然曰：千载上有英才异士沈没而不闻者，安可数哉！大丈夫岂可遂蕴智能，使兰艾不辨，终日碌碌与燕雀相随乎？于是奏诗……"（《南史》卷十三）。这段文字不仅可以使读者窥见其人，亦有助于理解这首诗。如果说傲霜独放的梅花，就是那些位卑志高、孤直不屈之士的写照，当然也可以说是诗人自我形象的体现。那么，"零落逐寒风"的"杂树"，便是与时俯仰、没有节操的龌龊小人的艺术象征。诗人将它们加以对比，并给予毫不含糊地褒贬，一方面反映了诗人爱憎分明、刚正磊落的胸怀，一方面也表现了他对"兰艾不辨"、贵贱不分的世风的抨击和抗争。

萧涤非先生曾经说：鲍照"位卑人微，才高气盛，生丁于昏乱之时，奔走乎死生之路，其自身经历，即为一悲壮激烈可歌可泣之绝好乐府题材，故所作最多，亦最工"（《汉魏六朝乐府文学史》）。这首诗虽是咏物，然其身世境遇、性格理想、志趣情怀无不熔铸其中。就以上所言，则又显示出它的慷慨任气、沉劲老练的特色。因而，那"似稚似老"的评语实在是精当绝妙。

我们的生活方式健康吗

王淑军

吃什么

谷类仍是我国居民的主食，新鲜蔬菜的食用率、食用频率也较高，农村略高于城市。但是，约40%的居民不吃杂粮、16%的人不吃薯类，多食对健康无益的油炸面食，则占居民食用率的54%。而杂粮及薯类中富含的膳食纤维可降低慢性疾病发生的危险。

猪肉是我国居民消费的主要肉食，占居民食用率的94%，牛羊肉、禽肉及水产品的食用频率较低。鸡、鱼、牛肉等蛋白质含量较高，脂肪较低，而猪肉的脂肪含量高，应提倡适当减少猪肉的消费比例。

奶及奶制品、大豆及其制品在我国居民中的消费依然较低，农村明显低于城市，四类农村鲜奶饮用率仅为大城市的11%。这对于促进居民骨骼健康、防止骨质疏松和贫困地区预防营养不良都极为不利。

青少年饮用饮料的比例明显高于其他年龄段人群，饮用率达34%，且果汁饮料的饮用率低于其他饮料。研究指出，青少年经常饮用碳酸饮料，易致发胖，不利于牙齿发育，可引起骨质疏松等疾病。

怎么吃

居民不吃早餐的比例较高，达3.2%。青年人高于中老年人，城市高于农村。早餐是最重要的能量和营养素的来源。不吃早餐时，能量和蛋白质摄入的不足不能从午餐和晚餐中得到充分补偿，容易发生维生素A和B、铁、钙、镁、铜、锌等营养素的缺乏，影响认知能力、学习、工作效率和身体耐力，还可能发生肥胖。

居民在外就餐的比例达15%，城市居民的比例达26%以上，明显高于农村。在外就餐过频会导致就餐者体脂含量增加，成为引发心脑血管疾病、高血压、高血脂等慢性病的危机因素。而且许多餐馆的卫生条件不合要求，增加传播疾病的机会。

如何补

我国15岁及以上居民消费营养补充剂总体水平较低，为4.9%。而美国成年人营养补充剂的使用率为40%。研究表明，适度使用复合维生素补充剂与降低先天缺陷、冠心病、结肠癌和乳腺癌有关，消费复合维生素和矿物质可使老年人患感染性疾病的天数降低50%。

孕妇和乳母钙、铁、叶酸等营养补充剂的使用率处于较低水平，孕妇叶酸（可降低神经管畸形的发生率）补充剂的使用率为 20.5%。

2 岁以内儿童营养补充剂的使用率仅为 31%。同时，婴幼儿时期辅助食品添加存在不合理现象。微量营养素的不足，尤其儿童营养不良、铁缺乏和维生素 A 缺乏，对婴幼儿的脑发育和智能发育的影响具有终生意义。

戒烟限酒吗

我国居民吸烟率为 24%，其中男性为 50%，女性为 2.8%。男性吸烟者约达 3 亿，每年造成的经济负担为 3.5 亿美元。我国烟民的吸烟频率、吸烟量较高，约半数的男性烟民每天吸烟 20 支以上。

吸烟仍是目前威胁我国居民健康的主要原因之一，我国烟草控制仍然面临着巨大挑战，建议进一步加强控烟措施的研究和实施，尤其是农村地区。

我国居民现在饮酒率为 21%，与 1991 年比增长了 17.3%，尤其女性增长了 73%。8.8% 的现在饮酒者 18 岁前饮酒。男性饮酒率高于女性，农村又高于城市。饮酒以白酒为主，比例为 50%。饮酒可导致酒精性心肌病、高血压等，过量饮酒的女性其乳腺癌发病率高于不饮酒女性。近年来的国外研究显示，少量适度饮酒对心血管有益，但其机制至今尚未得到证实，不建议为预防心血管疾病饮酒。

张弛适度否

我国居民参加锻炼的比例仅为 14%，其中城市居民为 24.6%，农村居民为 10%。经常锻炼的人群中，中青年人的比例最低，老年人最高，这与西方国家恰恰相反。儿童、少年偶尔锻炼的比例明显高于经常锻炼的比例，锻炼时间也较短，说明我国儿童少年尚未形成规律性锻炼的习惯，中小学生课业负担仍然较重。

我国 6 - 12 岁儿童平均每天睡眠时间不足 10 小时的比例为 69%，13 至 17 岁青少年平均每天睡眠时间不足 9 小时的比例为 58.5%，成年人睡眠时间不足 7 小时的比例为 10% 左右。

我国居民职业性体力活动水平为轻、中和重度的比例差不多各占 1/3，半数以上的劳动者在工作中以坐和站立为主，行走时间很短。以女性为主承担家务劳动的格局仍未改变，做家务的比例男性为 53%，女性为 85%。每天增加半小时到 1 小时的非职业性中等强度体力活动，可以使更多的人达到体力活动充分。

越努力，越幸运

侯成成

出生于 1980 年的王亚平，是个"天生的运动苗子"。从小学到高中，一直都是学校运动队的长跑选手。800 米，1500 米的耐力训练，不仅练就了她过硬的身体素质，更练就了她坚韧的意志。不到终点不能停下，再累，也要努力，这是王亚平经常告诉自己的一句话。凭着这份意志，王亚平不仅体育出众，学习更是出类拔萃。

1997 年 7 月，王亚平以超出分数线 130 分的高考成绩考取了长春飞行学院，叩开了她人生中的第一扇幸运之门。可是走进飞行之门的她，发现要成为一名真正的飞行员，真是谈何容易。在长春飞行学院的一年零八个月的时间里，王亚平和她的同学们除了要学习大学理论课程外，每天还要进行大量的常规体能和军事训练。不仅如此，还要进行拉练、游泳、跳伞等特殊训练。记得在第一次跳伞训练时，王亚平和另外 7 个女学员看着地面上的人越来越小时，都兴奋不已。等到跳伞指令一出，八个女学员一个接一个稀里糊涂地跳下去后，望着几千米高的地面，恐惧迅速袭击了她们。虽然最终安全着陆，但总感觉惊魂未定。训练返回的车上，8 个人一边唱着《真心英雄》，一边泪流满面。但是最终王亚平靠着那份坚韧的意志和努力同队友们一起战胜了自我。

1999 年 4 月，出众的身体素质加上她的刻苦努力，王亚平顺利地转入了哈尔滨第一飞行学院。曾一同学习和训练的 37 名学员，淘汰了 7 个，王亚平庆幸自己离飞行梦更近了。

2003 年 10 月 15 日，杨利伟乘坐神舟五号飞天。当时只有 23 岁的王亚平还是一名刚刚加入空军飞行部队两年的运输机飞行员。看着神五飞天的那个瞬间，王亚平在想，中国能有女飞行员，什么时候会有女航天员呢？如果可能，她一定要成为一名女宇航员，她要挑战太空。

机会在五年后，真的来了。2009 年 5 月，中国第二批航天员选拔启动，首次向女性开启了大门。有着 9 年驾驶各类机型在蓝天上安全飞行 1600 小时的王亚平，经过层层选拔，幸运地成为首批女航天员之一。当然，迎接她的还是更加超出寻常的训练。很长时间里，王亚平一直不能突破二级，身体的极限简直让她难以承受。该怎样超越自我呢？王亚平想着自己那句，不到终点不能停下，再累，也要努力的话，深思。之后，她一面向"老大哥"们讨教，一面加班加点增强心血管和肌肉练习。终于在第二年，她的超重训练成绩轻松达到了一级。

2013 年 6 月 11 日，曾和"神九"擦肩而过的王亚平，自信满满地走进了神州十号运载火箭。几天后，王亚平在距离地面约 300 公里的"天宫一号"里给全国的中小学生们上了一堂实实在在的"太空物理课"。

王亚平幸运地成为在太空进行授课的中国第一人和世界第二人。回忆过往，王亚平始终坚信，越努力，越幸运。

人生需要归零的勇气

邓亚萍

一位老者曾经问我："你的奖牌和奖杯都放在什么地方？"我说："我父母把家里一间屋子专门设为荣誉室，把我所有的奖牌、奖杯、奖状全部放在那里。"他跟我讲："你应该把它收起来，因为这些已经统统成为过去。"

从那一刻开始，我一直在思考这句话。因为作为一名运动员，转型是很困难的。快要退役的时候，我就在考虑退役以后是继续当教练，还是走向社会。如果说不当教练的话，我会做什么？我能跟别人去竞争吗？我认为我竞争不过别人。所以在那个时候，我决定要去读书，以便更好地完善自己，于是我选择了清华大学。

刚刚进清华的时候，我是自卑的。当我上第一堂课的时候，就很坦率地跟老师讲："我没有办法上来就跟大课，尤其是英语课程。"老师问我："你的英文什么水平？"我说："是零。"他说："那你先试试写 26 个字母吧！"于是，大小写一块混着写也没写全 26 个。

在清华读了一段时间，萨马兰奇主席任命我为国际奥委会运动员委员会的成员。第一次去开会，让我极受刺激！因为所有委员都可以讲英文或法文，唯独我带着翻译去。在讨论问题的时候，因为我需要翻译，所以总是比别人慢半拍。这次会议极大地刺激了我，无论如何也应该把英语先拿下！

1998 年，国际奥委会在葡萄牙开会，我要在会上发言。一篇不超过 5 分钟的英文讲话稿，我用了一个月的时间练习。这次会议由萨马兰奇主持，他以为我会请翻译，结果我一开口就讲英文。我发言完后，他说："邓才学了 3 个月的英文，能够有今天这样一个发言，我们大家应该给她鼓掌！"

在清华拿下学士学位，我又到英国诺丁汉大学攻读了一个硕士学位。当时，信心来了，我希望能够到剑桥攻读一个博士学位。但刚有这个想法，我周边的所有人——我的亲人、我的朋友、我的老师，包括萨马兰奇都反对，统统说你别去读。为什么？他们觉得："你名气这么大，万一读不成，那多难看啊！"但我仍然坚持。

今天，我已成为一家互联网公司的首席执行官。我认为，在人生的道路当中，要不断地完善自己，也要勇于将人生归零。从零开始，保持一种勇往直前、拼搏向上的精神。

椰壳里淘金

焦淳朴

2003 年 6 月，海南省定安县的莫云峰带着打工攒下来的 5 万元钱回到家乡，准备创业。他闷在屋子琢磨了半个月也没想出什么合适的项目，整天愁眉不展。这天，他从屋子里出来，看到母亲正在用椰子皮刷锅，几下就把锅上的油污刷洗得干干净净。他的眼前不禁一亮，他想，市面上卖的塑料锅刷，都是用化学材料制成的，而椰壳内层的椰棕蓬松、柔软，具有较强的吸附力，是当地人除油去污的厨房"神器"，如果用天然的椰棕做出环保锅刷，迎合人们对绿色健康生活的追求，一定会大有市场！

他把自己的想法告诉了两位好朋友，两人表示愿意尝试一下。3 个人买回一大堆各种各样的锅刷。认真分析这些产品是怎样制作的。结果发现，制作锅刷其实很简单，只要想办法把椰棕卷起来，装一个手柄，产品就能面市了！

下一步他们开始着手从椰壳里面提取椰棕，本以为这活儿很简单，没想到一操作他们才发现，这才是最大的技术难题。由于市面上没有现成的机器，他们 3 个只能尝试着自己制造。一年多的时间，他们 3 个人每天尝试、否定、修改，不知试验过多少次。两位朋友先后打了退堂鼓，可莫云峰不信这个邪，他发誓要把机器造出来，但当他把多年的积蓄花光之后，他也准备认命了。

在准备放弃的当天晚上，他痛苦地躺在床上，翻来覆去睡不着，最后他索性爬起来，抓起手边的一本杂志消磨时光。杂志上的一个故事吸引了他，一个男孩子参加学校的 10 公里越野赛，跑了一段时间后，他就汗流浃背，脚底发虚，这时，学校的收容车从他身边经过，已经上车的同学招呼他："实在跑不动就上车吧。"他摇摇头拒绝了。又过了段时间，他觉得两眼模糊，胸口发紧，此刻又一辆收容车开了过来，他迟疑了一下，还是拒绝上车，因为他想坚持到终点。不知又跑了多长时间，他的眼前出现了一个小山坡，此时，他感到眼冒金星，全身虚脱，眼前的这个小山坡，在他眼里比珠穆朗玛峰还要高峻。他绝望了，不再坚持，当收容车再次招呼他时，他毫不犹豫地上去了。让他想不到的是，小山坡下就是终点。他后悔极了，自己只要再坚持 1 分钟，冲刺一下，就能到达终点了。那个男孩记住了这个教训，在以后的比赛中，他总是提醒自己，再坚持 1 分钟就能到达终点了，就这样，他一直跑到了世界冠军的领奖台。

放下杂志，他沉思了好久，再次走进工作的车间，仔细研究起来，在以后的日子里，他多次碰壁，但他从不绝望、从不放弃。终于在 2006 年春天，他从一个个椰壳里，提取出了丝丝缕缕的椰棕。

这个难题破解之后，他很快就生产了第一批椰刷，为了尽快提高产品的知名度，他带着椰刷参加了义乌国际小商品博览会。一天下来，就卖出了 5000 多把椰刷，发出去 3 盒名片！第二天中午，一位日本商人找到他："原材料从哪里来的？"他说，这种椰刷的原材料，是产自海南的椰圈壳棕丝。他还介绍说，椰棕具有天然无毒、可清洗、透气性能好等特点。日本采购商第一次听说还有用纯天然材料制作成的环保椰刷，极感兴趣，不断向他提出各种相关问题，两人谈了近 3 个小时后，日本商人当场就签下了 50 万把椰刷的订单。

由于打入市场的环保椰刷用户反映很好，订单也多了起来。2007 年全年，他们总共销售了 200 多万个产品，净赚 80 多万元！

随着椰刷的热销，他想，一种原材料可以制作成很多种产品，那么椰棕除了做成各种刷子，还能做些什么产品？经过几个月的探索，他决定成立一个工艺品厂，专门生产各种椰棕工艺品。普普通通的椰棕在这里华丽变身，成为一只只栩栩如生的企鹅、考拉、兔子。很快，这些椰棕玩偶就成了海南的特色旅游产品，受到游客的喜爱。

现在莫云峰的椰刷和椰棕工艺品不仅热销全国，还出口到日本、韩国、新加坡等地，当年一文不名的小伙子也成了腰缠万贯的富翁。

直到现在，回首从前走过的路，莫云峰仍心有余悸，如果当初放弃了椰刷的研究，自己今天会是什么样子？在接受采访时，他提醒创业者，最困难的时候一定要坚持住，有时只需坚持 1 分钟，就会迎来柳暗花明。

救命的礼物之链

徐 贲（bì）

前不久，美国媒体报道了这样一件事：28 岁的男子马修做出一个决定，他愿意为一个完全陌生的肾病患者捐出自己的一个肾。马修的条件是，接受者的家人也愿意以同样的条件，为另一个陌生的肾病患者捐出一个肾。医生们通过美国全国范围的搜寻，为马修找到了一个合适的受赠者。

受赠者巴巴拉是亚利桑那州的一位女士。她的母亲和祖母都在五十多岁的时候，因肾脏疾病去世，她自己从小就有肾病。她的丈夫罗纳德愿意为她捐肾，但他不是合适的捐赠者。巴巴拉意外地得到了合适的肾脏，罗纳德很愿意为另外一个陌生患者捐出自己的一个肾。他对记者说："巴巴拉有了这个肾，我们终于可以白头偕老，我们可以一起看着孙儿们长大。这真是一件神奇的礼物。"

接受罗纳德肾捐赠的是安琪。安琪 32 岁，多年来靠透析存活，每星期都得在血液透析机上度过数个小时。罗纳德的礼物，让她激动得说不出话来。安琪的母亲含着眼泪对记者说："今天是安琪新人生的第一天。"为此，她要为一个陌生人捐献自己的肾脏。和捐肾给她女儿的罗纳德一样，安琪的母亲成了捐肾礼物链上的一环。美国人体器官匹配联合会主任迈克·里兹从这个礼物之链上看到了器官捐赠的崭新前景。他说："美国未来将不会有所谓'愿意但不匹配'的捐赠者。只要你愿意，我们一定可以实现器官移植。"

在这个生命礼物的捐赠之链中，开始的启动者马修是一个完全无私的利他者，他的捐赠是不需要回报的。他的捐赠行为，证明了康德关于利他心是一种理智能力而非单纯"同情"或"恻隐之心"的论断。马修并不知道谁将是接受自己肾捐赠的患者，他的捐赠并非出于帮助具体对象的感情冲动。我们知道，人即使有了同情心，也不一定会付诸实施。而没有同情心作为原动力的道德理性，反而会让人有深思熟虑的道德行为。

马修的捐赠是无私的利他行为。一旦从此启动利他的礼物之链，其余的每个环节，接力者不必出于完全利他的动机。可以说，罗纳德和安琪的母亲，实际上都是因为自己亲人的缘故而捐出自己器官的。他们的捐赠因此包含了某种功利的目的。但是，这并不降低他们行为的利他价值。在现实社会中，人们可以形成一种并非完全无私的利他关系。

这种利他关系是一种潜在的社会契约。献血可以说是这种关系的一个典型例子：今天我献血，我并不知道我的血会救谁的命，我也不指望在我需要用血的时候，那个受血者会为我献血。但我相信，由于我和别人生活在一个需要有人帮助的潜在契约关系中，我需要用血时，一定会有其他人为我输血。这种潜在的社会契约，为许多利他行为提供了一种并非完全无私的选择。

这种状态一旦遭到大规模破坏，就会开启一种性质相反的恶性循环。在一个利他行为潜在契约有效的社会里，我看见一个人从自行车上摔下来，前去关心，有需要还会送他去医院。我这么做，并不一定是因为我特高尚、特道德，而是因为我的潜意识会让我自然地将心比心，告诉我自己，如果摔的是我，别人也会这么做。在一个人际潜在契约遭到严重破坏的社会里，别人摔了，我会袖手旁观，我的理由是，好人做不得。不要说以后我自己摔了，别人不会管我，就是眼前，我帮他，说不定给讹上了，马上就有麻烦。

　　潜在的社会契约实际上涉及了利他行为和社会正义的关系。一个社会越正义，在彼此需要帮助时潜在契约越有效，社会中的人就越会有利他行为。反过来说也是一样。社会中越多的人有助人为乐的利他行为，潜在的社会契约就越有效，也就越具备鼓励其他人助人为乐的整体正义环境。我们的社会有待建立的，正是这样一种良性循环的社会契约。

过秦楼·水浴清蟾

〔北宋〕周邦彦

水浴清蟾，叶喧凉吹，巷陌马声初断。闲依露井，笑扑流萤，惹破画罗轻扇。人静夜久凭阑，愁不归眠，立残更箭。叹年华一瞬，人今千里，梦沈书远。

空见说、鬓怯琼梳，容销金镜，渐懒趁时匀染。梅风地溽，虹雨苔滋，一架舞红都变。谁信无聊为伊，才减江淹，情伤荀倩。但明河影下，还看稀星数点。

【译文】

圆圆的明月，倒映在清澈的池塘里，像是在尽情沐浴。树叶在风中簌簌作响，街巷中车马不再喧闹。我和她悠闲地倚着井栏，她嬉笑着扑打飞来飞去的流萤，弄坏了轻罗画扇。夜已深，人已静，我久久地凭栏凝思，往昔的欢聚，如今的孤伶，更使我愁思绵绵，不想回房，也难以成眠，直站到更漏将残。可叹青春年华，转眼即逝，如今你我天各一方相距千里，不说音信稀少，连梦也难做！

听说她相思恹恹，害怕玉梳将鬓发拢得稀散，面容消瘦而不照金镜，渐渐地懒于赶时髦梳妆打扮。眼前正是梅雨季节，潮风湿雨，青苔滋生，满架迎风摇动的蔷薇已由盛开时的艳红夺目，变得零落凋残。有谁会相信百无聊赖的我，像才尽的江淹，无心写诗赋词，又像是伤情的荀倩，哀伤不已，这一切都是由于对你热切的思念！举目望长空，只见银河茫茫，还有几颗稀疏的星星，点点闪闪。

【赏析】

此词通过现实、回忆、推测和憧憬等各种意象的组合，抚今追昔，瞻念未来，浮想连翩，伤离痛别，极其感慨。词中忽景忽情，忽今忽昔，景未隐而情已生，情未逝而景又迁，最后情推出而景深入，给读者以无尽的审美愉悦。

上片"人静夜久凭栏，愁不归眠，立残更箭"是全词的关键。这三句勾勒极妙，其上写现在的句词，经此勾勒，变成了忆旧。在一个夏天的晚上，词人独倚阑干，凭高念远，离绪万端，难以归睡。由黄昏而至深夜，由深夜而至天将晓，耳听更鼓将歇，但他依旧倚栏望着，想着离别已久的情人。他慨叹着韶华易逝，人各一天，不要说音信稀少，就是梦也难做啊！

他眼前浮现出去年夏天在屋前场地上"轻罗小扇扑流萤"的情景。黄昏之中，墙外的车马来往喧闹之声开始平息下来。天上的月儿投入墙内小溪中，仿佛在水底沐浴荡漾。而树叶被风吹动，发出了带着凉意的声响。这是一个多么美丽、幽静而富有诗情的夜晚。她在井栏边，"笑扑流萤"，把手中的"画罗轻扇"都触破了。这个充满生活情趣的细节写活了当日的欢爱生活。

下片写两地相思。"空见说、鬓怯琼梳，容销金镜，渐懒趁时匀染。是词人所闻有关

　　她对自己的思念之情。由于苦思苦念的折磨，鬓发渐少，容颜消瘦，持玉梳而怯发稀，对菱花而伤憔悴，"欲妆临镜慵"，活画出她在别后生理上、心理上的变化。"渐"字、"趁时"二字写出了时间推移的过程。接着"梅风地溽，虹雨苔滋，一架舞红都变"三句则由人事转向景物，叙眼前所见。梅雨季节，阴多晴少，地上潮湿，庭院中青苔滋生，这不仅由于风风雨雨，也由于人迹罕至。一架蔷薇，已由盛开时的鲜红夺目变得飘零憔悴了。这样，既写了季节的变迁，也兼写了他心理的消黯，景中寓情，刻画至深。"谁信无聊为伊，才减江淹，情伤荀倩。"这是词人对伊人的思念。先用"无聊"二字概括，而着重处尤在"为伊"二字，因相思的痛苦，自己像江淹那样才华减退，因相思的折磨，自己像荀粲那样不言神伤。双方的相思，如此深挚，以至于他恨不能身生双翅，飞到她身旁，去安慰她，怜惜她。可是不能，所以说"空见说"。"谁信"二字则反映词人灵魂深处曲折细微的地方，把两人相思之苦进一步深化了。这些地方表现了周词的沉郁顿挫，笔力劲健。"但明河影下，还看稀星数点"，以见明河侵晓星稀，表现出词人凭栏至晓，通宵未睡作结。通观全篇，是写词人"夜久凭栏"的思想感情的活动过程。前片"人静"三句，至此再得到照应。银河星点，加强了念旧伤今的感情色彩；如此以来，上下片所有情事尽纳其中。

　　这首词，上片由秋夜景物，人的外部行为而及内在感情郁结，点出"年华一瞬，人今千里"的深沉意绪，下片承此意绪加以铺陈。全词虚实相生，今昔相迭，时空、意象的交错组接跌宕多姿，空灵飞动，愈勾勒愈浑厚，具有极强的艺术震撼力。

我那温馨的家

季羡林

我曾经有过一个温馨的家。那时候，老祖和德华都还活着，她们从济南迁来北京，我们住在一起。

老祖是我的婶母，全家都尊敬她，尊称之为老祖。她出身中医世家，人极聪明，很有心计，从小学会了一套治病的手段，有家传治白喉的秘方，治疗这种十分危险的病，十拿十稳，手到病除。因自幼丧母，没人替她操心，耽误了出嫁的黄金时刻，成了一位山东话称之为"老姑娘"的人。年近四十，才嫁给了我叔父，做续弦的妻子。她心灵中经受的痛苦之剧烈，概可想见。然而她是一个十分坚强的人，从来没有对人流露过，实际上，作为一个丧母的孤儿，又能对谁流露呢？

德华是我的老伴，是奉父母之命，通过媒妁之言同我结婚的。她只有小学水平，认了一些字，也早已还给老师了。她是一个真正善良的人，一生没有跟任何人闹过对立，发过脾气。她也是自幼丧母的，在她那堂姊妹兄弟众多的、生计十分困难的大家庭里，终日愁米愁面，当然也受过不少的苦，没有母亲这一把保护伞，有苦无处诉，她的青年时代是在愁苦中度过的。

至于我自己，我虽然不是自幼丧母，但是，六岁就离开母亲，没有母爱的滋味，我尝得透而又透。我大学还没有毕业，母亲就永远离开了我，这使我抱恨终天，成为我的"永久的悔"。我的脾气，不能说是暴躁，而是急躁。想到干什么，必须立刻干成，否则就坐卧不安。我还不能说自己是个坏人，因为，除了为自己考虑外，我还能为别人考虑。我坚决反对曹操的"宁要我负天下人，不要天下人负我"。

就是这样三个人组成了一个家庭。

为什么说是一个温馨的家呢？首先是因为我们家六十年来没有吵过一次架，甚至没有红过一次脸。我想，这即使不能算是绝无仅有，也是极为难能可贵的。把这样一个家庭称之为温馨不正是恰如其分吗？

我们全家都尊敬老祖，她是我们家的功臣。正当我们家经济濒于破产的时候，从天上掉下一个馅儿饼来：我获得一个到德国去留学的机会。我并没有什么凌云的壮志，只不过是想苦熬两年，镀上一层金，回国来好抢得一只好饭碗，如此而已。焉知两年一变而成了十一年。如果不是老祖苦苦挣扎，摆过小摊，卖过破烂，勉强让一老，我的叔父；二中，老祖和德华；二小，我的女儿和儿子，能够有一口饭吃，才得度过灾难。否则，我们家早已家破人亡了。这样一位大大的功臣，我们焉能不尊敬呢？

如果真有"毫不利己，专门利人"的人的话，那就是老祖和德华。她们忙忙叨叨买菜、做饭，等到饭一做好，她俩却坐在旁边看着我们狼吞虎咽，自己只吃残羹剩饭。这逼得我不由不从内心深处尊敬她们。

我们的家庭成员，除了"万物之灵"的人以外，还有几个并非万物之灵的猫……在白天，我出去散步，两只猫就跟在我后面，我上山，它们也上山；我下来，它们也跟着下来。这成为燕园中一道著名的风景线，名传遐迩。

然而，光阴如电光石火，转瞬即逝。到了今天，人猫俱亡，我们的家庭只剩下了我一个人，形单影只，过了一段寂寞凄苦的生活。

天无绝人之路。隔了不久，我的同事，我的朋友，我的学生，了解到我的情况之后，立刻伸出了爱援之手，使我又萌生了活下去的勇气。其中有一位天天到我家来"打工"，为我操吃操穿，读信念报，招待来宾，处理杂务，不是亲属，胜似亲属。让我深深感觉到，人间毕竟是温暖的，生活毕竟是"美丽的"（我讨厌这个词儿，姑一用之）。如果没有这些友爱和帮助，我恐怕早已登上了八宝山，与人世"拜拜"了。

那些非万物之灵的家庭成员如今数目也增多了。我现在有四只纯种的、从家乡带来的波斯猫，活泼、顽皮，经常挤入我的怀中，爬上我的脖子……

眼前，虽然我们家只剩下我一个孤家寡人，你难道能说这不是一个温馨的家吗？

让自己做重要的事

王充闾

19世纪末20世纪初，意大利经济学家巴瑞图提出了一个重要的理论。他认为，一件庞杂的事务，其中真正重要的部分只占整体很小的份额。这个理论有时又被称为"重要的少数"或"繁琐的多数"，也可称为"八二定律"。

在西点军校的赛车训练课上，教练说道："在赛车时你可能需要眼观六路耳听八方，但最需要关心的一件事，就是当车轮打滑时你要怎么办？"罗宾想：生活中不也一样吗？总会遇到各种各样的事情，有时我们还真不免会碰上无法掌握的状况呢！教练接着说道："碰到这种情形，要做的其实很简单，那就是盯着你想去的方向，可别像大多数人那样一心只想着车子别撞上栏杆。"

教练说完上述道理后，对罗宾说："现在我们要进行车轮打滑的反应实践训练。我这里有一台电脑，按下其中一个按钮，有一边车轮就会腾空，造成车子失控而打滑。这时候你可别盯着路旁的栏杆，要盯着希望车子驶去的方向。""没问题，"罗宾满怀自信地说道，"我明白您所讲的意思了。"

头一次驾着车出场，罗宾一路上兴奋不已。接着，教练按下了那个按钮，车子便随之打滑并失控，你知道此时罗宾的眼睛是盯着何处吗？一点没错，就是路旁的栏杆！眼看着车子就要撞上去，罗宾心里害怕得要命！心里不停地念叨："别撞上，别撞上。"就在这千钧一发之际，教练迅速地把他的头扳向左侧，逼着他盯住要去的方向。虽然车子还是不时打滑，罗宾也一直担心会撞上栏杆，可就是被教练硬逼着只看车子应当去的方向。最后，罗宾终于把目光转向前方，方向盘也顺势转向。当训练结束时，罗宾停好了车子，重重地吐了口气，同时也深刻地体会到了教练的话："盯着你想去的方向。"

生活是复杂的，对于一个想干事业的人来说，必须分清事情的主次，哪些是必须要做的，哪些是不需要做的，哪些事关照一下就行，哪些事应该干脆放弃。

从零开始的勇气

代连华

台湾著名作家刘墉，不仅善于写作，还擅长绘画。他的书，居台湾畅销书作家之冠，而他的画，也频繁获奖。

有一年，他的画参加台湾当代名家画展，被邀展的作品有张大千、黄君璧等著名画家的作品，而能参加此次画展，也证明作品是很有实力的。

刘墉对此有些沾沾自喜，在展出过程中，有位关系极好的画家朋友，对他赞赏道："你的画画得真不错，还是过去的样子。"只此一句，让刘墉很震撼。回家后，他不断地回味着朋友的话，"还是过去画的样子"，也就是说，自己的画没有新的突破，还是最初取得的成绩。

刘墉重新审视了自己画画的历程，虽然获过奖，但多少还是靠聪明得来的虚名，毕竟有不足的地方，而自己又沉浸在成功的喜悦之中，令作品没有提高，仍然在原地踏步。

是重新开始，还是继续撑下去？经过痛苦的抉择，刘墉果断辞去了中视的工作，离开台湾转去美国留学，决定从零开始。而之所以离开自己熟悉的地方，就是为了离开掌声，从而能更好地学习。

无独有偶，台湾著名书法家曹秋圃，幼时即研习书法，小小年纪便已成名，18 岁时，就开始教人写字，成名之早令人羡慕。因为他的盛名，前来学习书法的人络绎不绝，许多人也从中学到了许多。

有一次，他的学生吴慈，在学习过程中，又将他的书法稍加润饰，写出来的字更加飘逸俊秀，引来众人赞赏。名师竟然不敌弟子，许多人并不敢承认这个事实，曹秋圃却坦诚相对。学生吴慈的精益求精，让曹秋圃从中悟出自己的不足，于是，果断放弃眼前的一切，重新研习书法，而那一年，他已经 32 岁了。

经过几年的不断研习和苦练，终成一代名师，并开办了著名的"澹庐书房"，门下学生众多，在台湾名噪一时。

当你拥有了名和利，并被光环笼罩的时候，突然间发现还有不足的地方，那么，你是否拥有从零开始的勇气呢？在作家刘墉及书法家曹秋圃身上，我们感悟到，虽然已负盛名，他们却勇于正视自己的不足。果断放弃已拥有的一切，甘于淡泊，从零开始，那份精神与勇气是值得我们学习的。

每个人都应有"自觉不足"的谦虚品德，而后才能积聚起"从零开始"的勇气，退回到起点，重新来过，这是一种智慧也是一种启迪。

第156张票根

朱成玉

自从那个晴天霹雳般的秋天以来，妈妈的脚步再也没有停下来，一直在奔走着。妈妈的心再也没有闲下来，一直涨鼓鼓地装着，因为女儿被囚在高墙深院。

那一年女儿刚刚20岁，如花的容颜，瞬间凋残。

女儿是因为恨才铸成了大错。女儿恨父亲，更恨那个夺走她父亲的女人，于是在一个风雨交加的夜晚，动了杀心。女儿只是想让妈妈解脱，想再一次缝补好家庭的裂痕，让温暖重新裹紧她和她的妈妈。在她举起刀子刺向那个女人的同时，也深深刺伤了自己。她的美丽年华在那一刹那，被她自己掐灭了。

妈妈每月一次的入监探视，便成了女儿的节日。监狱里的日子静如死水，但因为每月都有那样的一天能见到妈妈，她心中便会不停地泛起微澜。那个日子阳光普照，那个日子鸟语花香，她认真地数着妈妈走后的日子，每天在她的床头划道道，多少次在梦中提前过了她的节日。原本暗无天日的生命因为有了这个日子，而变得异常美丽。

妈妈又何尝不是如此。女儿带走了妈妈的阳光，抽干了妈妈心头的灯油。妈妈心上的那盏火苗，却因为这样一个日子而没有熄灭。每次去，妈妈总是提前准备，她爱吃的小点心、喜欢的小玩意。只要是妈妈认为女儿喜欢的，就下功夫做，舍得花钱买。从晚上回来开始，就琢磨着下次去该带什么，一直到下一月该去的时候才算是准备好。大包小包一个又一个，在火车上还可以，下了车，还有5公里的路程没有车，只能是步行，常常是累得气喘吁吁，直不起腰来。

多少次，管教总说不允许从外面带那么多东西。妈妈总是好说歹说：她姨，就留下吧，不是买的，是我昨天晚上才做的咸菜和一点小点心，没有别的，让孩子留下吧。每每妈妈让管教无话可说，其实管教总是被感动，那个白发的老妈妈，谁又能忍心再让她背回去呢？谁又能拒绝妈妈那颗善良的心，谁又能拒爱于千里？

她们一个在高墙内，一个在高墙外，度日如年。更让女儿疼痛的是，每一次见到妈妈，都发现妈妈又老了一些。每一次，她都会为妈妈拔白头发，渐渐地，开始拔不过来了。她总是一边拔一边不停地抽泣，把妈妈的白发用一个小盒子装起来。妈妈似乎看出了她的心思，每次来都先去染黑了头发。尽管如此，仍旧无法阻止妈妈的衰老。

皱纹同样过早地爬上了她的眼角。13年了，如花少女的她一路走来，转眼间，花已凋零，青春不再。铁窗高墙阻隔了她的高飞远行，但阻不断她对妈妈的思念和妈妈对她的爱。她后悔自己的倔强和任性无知，在风雨之夜犯下滔天罪行，手铐铐住的不只是她的手、她的身，还有妈妈的心，在一点点地被揉碎，还有妈妈的泪，被一滴一滴地掏干。

无论严寒无论酷暑无论风雪交加更无论大雨滂沱，妈妈总是如约而至，从未迟延。每次来，她都会管妈妈要她的火车票根，她那本漂亮的纪念册上面粘贴着一张张的火车票根，所有的票根都是 Q 地开往 Z 地的，整整 13 年，156 个月，3 万多公里，那是母爱的路程。

156 个月，但她的纪念册上只有 155 张票根。怎么独独缺少一张呢？

原来，出狱前的最后一次探视，是那个冬天最冷的一天，刮着凛冽的北风，下着大片大片的雪。她既担心妈妈被冻坏而不希望她来，又不停地走动，焦急地盼着妈妈的到来，她的纪念册上就缺这最后一张票根了，然后，她就可以合上它，重新开始她的生活。可是妈妈始终没有来，她开始忐忑不安起来，担心妈妈出了什么意外。直到第二天早上，妈妈才蹒跚着来了。因为雪下得太大，不通车，妈妈是一步一步走来的，整整走了一天一夜。来的时候已经过了探监的日期，但管教们破例让妈妈见了她。她跪在妈妈面前，捧着妈妈那双冻伤的脚，嚎啕大哭。管教们跟着动容，齐刷刷地跟着落泪。

她在纪念册的最后一页，那个本该贴上最后一张票根的空白处，画上了一双脚。那是妈妈的脚，一双冻伤的脚，一双不停奔走的脚，走过的脚印里都是深深的母爱。

那双脚是她积攒的第 156 张票根，母亲的终点，她的起点。

塔克逊的春天

凌仕江

在人类机器工业高度发达的今天，人类越来越倡导要与自然和谐共处，建立美好的生态家园，于是曾经被肆意破坏的绿色又重新成为了生命舞台的主角。

小草就是绿色家族的重要成员之一。

可你每天匆匆行走在绿色大地上却根本不曾注意到一棵小草的存在，甚至小草常常对着你微笑，你也视而不见。其实只要你想看，把眼光随处一抛都能望见草儿们在阳光下健康快乐地成长。

然而，在西藏岗巴县境内一个名叫塔克逊的军营里，一年四季却丝毫看不到一点绿意，地上满眼都是黄沙，没遮没拦的黄沙。战士们若是能在黄中刻意搜寻到一个绿色的小生命，那简直称得上奇迹。

那是一个春天的早晨，官兵们正在整队会操。班长们一个个精神抖擞地跑到操场中间向带操的排长作报告。完毕，排长的嘴唇蠕动了几下，他默算着参加会操的实有人数，整了整自己的装束，清了清嗓门儿，准备跑过去向连长汇报，突然，一个列兵的声音拉住了他的步伐：

"报——告！"

这一声报告绝不亚于一颗手榴弹的爆炸效应，官兵们像是听到了来自雪外天的特大喜讯，一个个在队列里东张西望。

排长也跟着队列里的官兵张望着，可天上并没有掉下飞机，就连鸟毛也没飘过一片，就连雪花也没飞过一朵。

瞬间，队列里齐刷刷的目光一起定格在了列兵的脸上。

这个平时爱说谎造谣的列兵，曾多次引发班内事故引起班长对他的不满。

又想搞什么笑了？站在列兵前面的班长扭过头来，狠狠地剜了他一眼。列兵的脸顿时像扎上了千万根银针，先是红红的两团，然后那些红色斑点一点一点地漫游到了他的耳际，继而是蚂蚁般的汗珠子啃骨头似的紧紧咬住他的脸。

排长缓缓地走到列兵跟前，列兵紧紧张张地低下头：排长，我脚下有一棵正在冒芽的小草。列兵的右脚悬在半空中。

操场上的呼吸忽然停止了一秒钟，继而队列里有蜜蜂般的声音在嗡嗡地盘旋。

官兵们都朝排长蹲下的地方聚拢过来，一星点绿色冷不防地擦过他们蒙尘的双眼，好像暗夜里落下来的一颗星辰。

果真如此，春天来了！排长趴在地上，发出激动的声音。

快来呀，快看啊，春天真的来了，塔克逊长草了。列兵听到排长认可那是一株发芽的小草后，双手做喇叭状，扯开嗓门向着远处的干城璋嘉峰雪山一阵狂喊，沁馥的绿色音符从吹满风的山谷里旋回到了军营的旮旮旯旯。那个白发飘舞的老军医站在卫生所门口，朝着队列，沉默的脸上有波浪在起伏。炊事班的两个战士听到长草的消息，赶紧丢下锅铲火速奔了过来，他俩不顾一切地拨开人群，忍不住伸手去抚摸那米粒般大小的嫩芽。排长立马虎着脸，一把拉住他们：放下你高贵的手！紧接着，人群里又有声音挤出队列：碰坏了小草，可不是闹着玩的。

这株小草就像天上突然掉下的"林妹妹"一样，让官兵们目不转睛。那破土而出的新芽，嫩得像刚出生的婴儿，细如爷爷左下颌的那一根胡须。那天，就是因为这株小草的出现，塔克逊的军营有史以来第一次延长了会操时间。

收操的时候，连长宣布了一条不成文的纪律：大家听着，我们塔克逊的官兵盼望小草的心情就像盼望女人一样重要急切，如今她来到了我们身边，我们就再也不能让她消失掉。在她的成长过程中，我们一定要像呵护自己心爱的女人一样去呵护这株小草，大家能不能做到？

能！官兵们哄然大笑道。

记住，谁碰坏了小草，就罚谁休假带十盆花回来。连长又补充了一句。

队列里顿时静止了一刻。列兵连忙把那棵小草移栽到了一个罐头盒里。官兵们把罐头盒一起抬进了连长的房间。

从此，列兵拥有了一个最光荣的职务——护草卫士。

阳春四月，花影绰约，蜂蝶翻飞，而海拔 5300 米的塔克逊却还是白雪皑皑，雪峰林立。自然界馈赠官兵们的仅仅只有一棵草的春天，但大家都已学会了珍惜。

那些散落在小山坳里的铁营房，顺着山坡一层一层呈梯级状。棉衣、棉裤、棉帽、大头皮鞋把这里的官兵严严实实地包裹起来，每天如此。即使是这样，在这里当兵的人，内心依然有一颗望春之心，他们一定能在严寒的包围中冲破冰雪，让春天的气息像他们铿锵的脚步一样缓缓地踏步而来。

每当太阳升到山顶，官兵们就抱着那棵小草，站在阳光里，唱着歌儿，向远方的妈妈问好。

每当想起那棵小草，我就想起生命的颜色；想起生命的颜色，我就想起塔克逊的春天，生命只有在这个高度上跋涉过以后，你才有可能意会到 5300 这个数字的高低、轻重和色彩。

关于塔克逊的这株小草究竟是如何诞生在塔克逊的，至今仍是个耐人寻味的谜。塔克逊的官兵仅为一株小草而感到满足，我知道这个春天他们才是最幸福的人。

忆秦娥·临高阁

〔宋〕李清照

临高阁，乱山平野烟光薄。烟光薄，栖鸦归后，暮天闻角。

断香残酒情怀恶，西风催衬梧桐落。梧桐落，又还秋色，又还寂寞。

【译文】

起伏相叠的群山，平坦广阔的原野，笼罩着一层薄薄的烟雾，烟雾之中又渗透着落日的最后一缕余辉。乌鸦的叫声总使人感到"凄凄惨惨"，尤其在萧条荒凉的秋日黄昏，那叫声会显得更加阴森、凄苦。鸦声消逝，远处又隐隐传来了军营中的阵阵角声。那阵阵秋风，无情地吹落了梧桐枯黄而硕大的叶子，风声、落叶声使人的心情更加沉重，更加忧伤了。

【赏析】

南渡之后，李清照遭家破人亡、沦落异乡、文物遗散、恶意中伤等沉重打击，又目睹了山河破碎、人民离乱等惨痛事实。这首《忆秦娥》就是词人凭吊半壁河山，对死去的亲人和昔日幸福温馨生活所发出的祭奠之辞。

上片写登临高阁的所见所闻。起句"临高阁"，点明词人是在高高的楼阁之上。她独伫高阁，凭栏远眺，扑入眼帘的是"乱山平野烟光薄"的景象：起伏相叠的群山，平坦广阔的原野，笼罩着一层薄薄的烟雾，烟雾之中又渗透着落日的最后一缕余辉。叠句"烟光薄"加强了对这种荒凉、萧瑟景色的渲染，造成了使人感到凄凉、压抑的气氛，进而烘托出作者的心境。

"栖鸦归后，暮天闻角。"是作者的所见所闻。乌鸦是被人们厌恶的鸟类。它的叫声总使人感到"凄凄惨惨"，尤其在萧条荒凉的秋日黄昏，那叫声会显得更加阴森、凄苦。鸦声消逝，远处又隐隐传来了军营中的阵阵角声。这凄苦的鸦声，悲壮的角声，加倍地渲染出自然景色的凄旷、悲凉，给人以无限空旷的感受，意境开阔而悲凉。不难看出，这景物的描写中，融注着作者当时流离失所，无限忧伤的身世之感。

下片起句，作者写了在这种景色中自己抑郁孤寂的心情。"断香残酒情怀恶"，全词只有这一句直接写"情怀"，但它却贯穿和笼罩全篇的感情，一切都与此密切相关。"乱山平野烟光薄"的景色，使词人倍感"情怀恶"，而"情怀恶"更增添了秋日黄昏的萧索冷落。"断香残酒"四字，暗示出词人对以往生活的深切怀恋。在那温馨的往日，词人曾燃香品酩，也曾"沉醉不知归路"。而此时却香已断，酒亦残，历历旧事皆杳然，词人的心情是难以言喻的；一个"恶"字，道出了词人的不尽苦衷。

"西风催衬梧桐落。梧桐落，又还秋色，又还寂寞。"那阵阵秋风，无情地吹落了梧桐枯黄而硕大的叶子，风声、落叶声使词人的心情更加沉重，更加忧伤了。叠句"梧桐落"，进一步强调出落叶在词人精神上、感情上造成的影响。片片落叶像无边的愁一样，打落在她的心上；阵阵风声，像锋利的钢针扎入她受伤后孱弱的心灵。这里既有国破家亡的伤痛，又有背井离乡的哀愁，那数不尽的辛酸，一下子都涌上了心头。作者写到这里，已把感情推向高峰，接着全词骤然从"又还秋色"的有声，转入了"又还寂寞"的寂静之中。这"静"绝非是田园牧歌式的宁静，而是词人内心在流血流泪的孤寂。"又还秋色，又还寂寞"，说明词人对秋色带来的寂寞的一种厌恶和畏惧的心理。自己不甘因秋色而寂寞，无限婉惜逝去的夏日的温暖与热闹，同时也似乎表明她失去亲人、故乡的寂寞心情。长期积郁的孤独之感，亡国亡家之痛，那种种复杂难言的心情，都通过淡淡的八个字，含蓄、深沉地表现了出来。

　　这首词的结句，是全词境界的概括和升华。王国维在《人间词话》中说："能写真景物真感情者，谓之有境界。""又还秋色，又还寂寞"是对词人所处的环境，所见的景物以及全部心境真实、准确而又深刻的概括，景是眼前之"真景物"，情是心中之"真感情"，同时情和景又互相融合，情融注于景，景衬托出情，使全词意境蕴涵深广。

喝过一半的咖啡不能退

孙建勇

有个德国少年一直梦想着能在拜仁慕尼黑俱乐部踢球，因为拜仁慕尼黑是德国最成功的足球俱乐部。11 岁那年，少年凭着出色技术，向拜仁慕尼黑迈进了第一步——幸运地被选进俱乐部青训营。

在那里，少年非常勤奋，除了每日的足球训练之外，每周他还要坐火车往返于学校和训练场之间，以便完成中学学业。经过八年刻苦训练，少年在青训营中表现十分突出，在训练场上，跟巴拉克、马凯这样的球星对抗时，也常常不落下风。

少年的出色表现很快引起慕尼黑 1860、斯图加特和霍芬海姆等俱乐部的关注，纷纷派出球探进行暗中考察，其中霍芬海姆表现出极大诚意，派出资深球探彼得斯密会少年。在一家咖啡馆，彼得斯开门见山，表示希望少年离开拜仁青训营加入霍芬海姆俱乐部，而且答应签一份薪酬丰厚的合同，许诺给他比在拜仁多得多的出场机会。

这样的条件的确非常诱人。要知道霍芬海姆当时可是一支正处在上升期的黑马球队，刚刚夺得过德甲半程冠军，是很多崭露头角的青年球员做梦都想去的球队。再则，少年与拜仁的合同也即将到期，将来完全能够以自由之身堂而皇之地转会。

所以，彼得斯说出提议后，自信满满地望着少年，以他多年球探的经验，他认为眼前这个少年应该会很爽快地表示接受。可是，他预感错了。少年并没有马上答复，而是端起面前的咖啡杯，喝了一大口，然后问彼得斯："您看，我这杯咖啡还能够退掉吗？"彼得斯摇摇头，说："当然不能，你已经喝了一半。"少年把手一摊，说："没错，对于我来说，拜仁就是这杯咖啡。"说完，少年站起身，头也不回地走了。彼得斯尴尬地望着他的背影，一脸沮丧。

事后，有一家消息灵通的媒体采访少年，问道："从目前看，你在拜仁所处的位置并不理想，而在霍芬海姆显然会好得多，可是，你拒绝了。宁做凤尾不当鸡头，你是怎么想的？"少年坦诚地说："霍芬海姆自然是一个不错的选择，但我在拜仁已经待了 9 年，在这里，我感觉一切都很好，今后我还期待能够在这里获得更多成就。"

拜仁慕尼黑的老板得知这背后的故事，对少年的忠诚十分赞赏，认为他是不可多得的"瑰宝"。很快，少年便得到了一份为期 2 年的新合同，并成为了拜仁慕尼黑重点培养的球员。从此，少年的职业足球生涯一步一步走向辉煌，在 2010 年南非世界杯上，他成为了最年轻的金靴奖得主；在 2014 年的巴西世界杯小组比赛中，他完成了本次世界杯第一次"帽子戏法"，带领德国队 4:0 狂胜葡萄牙队。他就是德国足球巨星托马斯·穆勒。

拒绝诱惑，宁做凤尾不做鸡头，少年时期的托马斯·穆勒对拜仁慕尼黑俱乐部所表现出来的忠诚，无疑是一种非常可贵的品质，而这种品质正是他最终走向成功的基础。法国著名作家爱弥尔·左拉曾说："忠诚是通向荣誉之路。"是的，一个人只有具备对团队的忠诚，他才能全心全意地去为团队贡献力量，也才有可能创造奇迹，赢得荣誉。

本 色

胡海明

老爸年逾八旬，前不久跌了一跤，卧床两月，现在去户外，就得借助轮椅了。我知道他久未出门有些闷，问他想去哪里转转。老爸看着我，想了一阵，然后说："去厂里。"

这倒让我有些错愕。哪里不能去呀，新外滩，城隍庙，东方明珠，热闹好玩的地方多了。去厂里？去厂里干什么呢？

老爸是正宗的工人阶级，我读小学的时候，这个名号曾带给我身份的荣耀。可是现在，大家都讲白领、经理、老总了，谁还说什么工人阶级呢。要是我现在仍旧轩昂地自诩出身工人阶级，人家就会觉得我脑子出了毛病。早些年，我还曾跟老爸开玩笑，说你除了一个工人阶级，什么也没有，不要说什么玉镯子金戒指，连家人读书看病、入党参军，从来一点花头、一点路子都没有。

到了工厂门口，门卫拦住。我下车说，我爸爸是厂里的退休工人，在这里整整工作了四十多年，现在想到厂里看看。老爸连忙颤巍巍地从车窗里递出退休证。门卫说，人可以进，车子不能进。老爸不正是腿脚不好，我才开车送他来的么。正在商量，老爸添乱，作势要下车，"我自己走，自己走"。正乱着，另一个门卫跑出来说，电话请示过了，领导批准放行。

车子开进厂里，老爸说："我好进来，侬不好进来的，阿拉工厂很严格的。"算是在我面前争了一回面子。

厂里换了几代人，早都不认识了，地方他却仍然熟稔。退休以后，只要走得动，碰到领工资、开会，刮风落雨他都要来的，为的就是看看他的工厂。

七转八弯，进了大车间，轮椅将老爸推到了高大雄伟的万吨水压机前，老爸浑黄的眼睛忽然熠熠生辉，然后竟然盈满了激动的泪水……可能他意识到，从今以后，他不能经常来厂里了。

工人们好奇地围拢过来，得知眼前这位老人就是当年试制这台庞然大物的技术工人时，向老人报以热烈的掌声……

不知怎的，我突然心里一热，差点掉下眼泪。

临别时，这群从大中专院校毕业的青年工人簇拥着老爸，以万吨水压机为背景，纷纷用手机拍照留影。

老爸是骄傲的，他的骄傲就是他的工人本色。

奇 迹

雪小禅

她是一个农村妇女，收养了仇人的孩子。

小男孩天生脑瘫，大夫说他活不了几年。她不信，带着孩子往天津、北京、石家庄跑，家里的钱几乎花光，两个女儿上不起学了，可是她，执意给孩子看病。

所有医院的结论全是一样的：孩子不能自己吃饭，不能直立，不能行走，不能说话，甚至活不到三四岁。她却仍然坚持，花掉了家中所有的积蓄。她贷款买了一辆面包车跑出租。大女儿退了学，照顾在石家庄住院的小弟弟，家里一切乱七八糟的，可是，没有人抱怨过。她说，这好歹是条生命，就是再苦，也要给孩子治病。

小女儿看家里实在没钱，她说，妈，你把我卖了吧，把我卖了就有钱给小弟弟治病了，然后我再偷着跑回来。多纯真的孩子啊！

孩子在医院终于有了起色，大女儿天天给他按摩，一年之后，孩子居然可以站起来。而她疯了似的跑出租，挣的钱全送进了医院。当她去石家庄看孩子时，在转身的一刹那，孩子叫了一声：妈！她兴奋得流眼泪，孩子居然会叫妈了，一个被医院判了死刑的孩子，居然叫了一声妈！

她的事迹被登在当地的报纸上，人们都说她傻。为了多挣钱，她跑长途，不顾一个女人有多危险。那天，四个歹徒上了她的车，让她拉着去北京。开到一个叫文安的地方，坐在后面的男人拿出了匕首，抵在了她的腰间说：下来。已经是半夜，她被逼着下了车，自己的生死，已经在刹那间了。却有另一个歹徒说了话：大哥，你看看这个，刚才我在道上一直看这张报纸。

是坐在前面副驾驶位置上的歹徒说的话，他拿着一张报纸，报纸很脏，皱巴巴的，写的是她和这个孩子之间的故事。那个拿着匕首的人看了文章，又看了看面前的她，果真和报纸上的照片一样。他问，你这么累，就为这个孩子？她点点头。四个大小伙子，什么也没有说只叫了一声大姐，然后下了车，消失在黑夜中。是那张报纸救了她！几天之后，她收到了一箱奶粉，还有一封信，是那四个人写给她的："大姐，谢谢您救了我们，我们终于知道了，这世界上果真有这么好的人。那天晚上，你改变了我们一生。放心吧，以后，我们一定要做好人！"

她没有想到爱的力量会这样大。不仅救了她的命，还救了四个小伙子的一生！他们从此洗心革面，常常给她写信，送一些东西给孩子，他们说，这世间什么力量最强大？是爱！

孩子的病渐渐好起来，大夫说，这是医疗史上的奇迹；而她说，这是爱的奇迹！

重复的价值在哪里

周鸿祎

　　记得上世纪八十年代初的一篇高考作文是一幅图，图中一个人要挖井找水，在地上挖了很多坑，深浅不一，有的地方都快要挖到水了，但因为他浅尝辄止，没有在任何一点上真正持久地挖下去，结果是他一点水也没有找到。

　　直到现在这幅图都给我留下很深的印象，因为随着人生阅历的增长，我逐渐认识到这样一个道理：任何伟大的事情都是由很琐碎的、点点滴滴的小事情组成的。要想把事做成，就要在一个地方形成足够的压强。我们缺少的不是策划、不是点子，是持之以恒地把一个事情做得非常深入。

　　什么是持之以恒？简单地说就是重复。有一本书叫《异类》，我建议没读过的都买一本看看。这本书提出"一万个小时定律"，他分析了很多有名的成功人士，发现无论是比尔·盖茨，还是打高尔夫的泰德·伍兹，要想成为高手中的高手，在某个领域成为杰出的专家，一万个小时是最基本的投入。我发现编程序也是这样。要成为一个合格的程序员，怎么也要写个 10 万到 15 万行以上的代码。如果你连这个量级的代码都没有达到，那说明你还不会写程序。在学校里你写点几千行代码的课程设计、一万行代码的毕业设计，这都不算什么。

　　运动员更不用说了，无论是练跆拳道，还是打网球，都有很多动作需要不断重复，可能每天都重复成百上千次。有些年轻同事抱怨说工作重复，枯燥无味没意思。我个人觉得，如果你觉得这种重复毫无必要，是简单的重复，那你应该想办法优化它。现在很多计算机软件设计之初就是为了解决重复劳动的问题。但如果这种重复是必要的，比如像打球一样必须重复才能找到直觉，那你就要想一想，怎么用你的头脑，在这种必要的重复的基础上，形成有价值的积累，为你的未来打下基础。武侠书上说大侠气沉丹田，猛出一拳，势大力沉，非常厉害。但如果你马步还没有练好练扎实呢，光记些口诀有用吗？还是没有用。新的领悟、新的发现，都是在不断重复中得到的。

　　以前我也在微博上推荐过一篇文章，叫做《我的助理辞职了》，相信你们很多人都看过。它说的是有个助理帮总经理贴票据的事儿。在多数人看来，这个工作既烦琐、重复，又没有意义。但这个助理建了一个表格，把所有报销的数据按照时间、数额、消费场所等记录下来。时间一长，她就发现了这些商务活动背后的规律，总经理没交代到的工作她也能处理得很好。实际上，她对待重复的态度以及在此基础上发展出来的方法，让她的工作不再局限于贴票据的助理工作，她实际上拓展了她的职业生涯。

　　中国有句俗话：勤能补拙是良训。"勤"里面就含有对待重复的态度和重复的方法。我早期创业的时候，也做过很多重复的事，有时候也会厌倦、退缩，想打退堂鼓。比如，年轻的时候我要发展代理商，一天要跑两三个城市，跟每个客户重复讲代理政策、为什么要做代理，最后累得几乎要虚脱了，话都说不出来了。我也不想干了，但当时我看了一本书，就是中国首富宗庆后的《非常营销》。书里有一段，恰恰写到他不厌其烦地在全国走访上千家经销商和代理商，一遍又一遍地讲重复的话，一遍又一遍打动每个经销商和代理商。我看完以后，什么也不说了，接着去跑下一个城市。

我是一个坐不住的人，但我在编程的时候，比谁都能坐得住。别人顶多编两三个小时就得出去透透风，吸根烟。但我坐在那里，除了吃点饭喝点水，可以十个小时一动不动。编程的时候，如果有人在旁边玩游戏、看电影，别人总会忍不住溜一眼。但我可以做到完全无视。很多事情都是这样，你如果坚持下来，你就可能做到了。很多人只看到人家成功的一面，却没有看到他为成功做出的积累。有个七个馒头的比喻很恰当：你吃了第七个馒头以后终于吃饱了，别人就开始研究，你吃的第七个馒头是用什么面粉做的？为什么吃了这个馒头就饱了呢？他们没有看到你前面还吃了六个馒头，这六个馒头就是我前面提到的"一万个小时"的积累。

有本管理学的经典书籍叫做《从优秀到卓越》，书中提到一个非常有意思的比喻。企业都像一个巨大的飞轮，特别重。我们每个人去推，一下两下，这个飞轮纹丝不动。但大家坚持，咬着牙不放弃，突然有一天，这个能量积攒到一定数量，飞轮就慢慢动起来了。一旦这个飞轮动起来，自己就有了势能，后来大家再推，它就会越转越快。大家不要觉得自己每天做的事很枯燥，公司每天也有无数琐碎的事，我也经常要开很长的会，要跟很多人谈话，每天要把讲过的话重复一遍又一遍。

不要怕重复，我和大家一样，都是360推轮子的人。

战争中的回形针

高兴宇

她从没想过，一枚普通的回形针，竟然会让这些经历了战火纷飞、生死之痛的老兵们，深深地铭记十年。

20 世纪曾经爆发过一场战争。

丽娜是一名普通的家庭主妇、两个孩子的母亲。她从报纸上看到，参战的士兵因思念亲人倍感孤单，决定以亲人的身份给他们写信：收信人是"每一位参战的士兵"，落款一律是"最爱你们的人"。信的内容则是一首小诗、一个有趣的故事，或者是几句勉励的话语。

白天她工作繁忙，回家还要照顾孩子，但她每天坚持写完 20 封这样的信。寄到参战部队之后，部队军官认为这是消除士兵恐惧、提高士气的有效措施，很快将信分发给那些很少收到信件的士兵手里。

光是写信丽娜还觉得不够，她总想找一些新颖的方法，表达最真切的关爱！偶然，她看到书桌上散落着几枚五颜六色的回形针，便灵机一动，给每个信封装上一枚黄色回形针，附言道："回形针代表我给你的一个拥抱。当你情绪低落的时候，摸一摸它，就会知道有人在关心你、惦记你、轻轻地拥抱你！黄色也代表胜利，我们在家乡期盼着你们凯旋！"

战争持续了 40 多天，丽娜一共寄走 600 多封装有黄色回形针的信笺。相比于 600 多亿美元的战争花费来说，丽娜的贡献实在微乎其微。日子一天天过去，转眼间，已经是战争结束十周年纪念日，丽娜早就淡忘了当初寄信的事情。

那天早晨，当丽娜打开自家的房门时，感到万分惊诧。

她家的门口笔直地站立着一排排穿戴整齐的男士，足有 500 余名，每人手里拿着一束鲜花，对着丽娜齐声喊着："我们爱你，丽娜女士！"

刹那间，丽娜被鲜花和笑容包围。

原来，在战争结束十周年之际，参战士兵联合会进行了"战争中我最难忘的事"评选活动，"回形针关爱"被老兵们列为首选。陈年旧事一一浮现脑海，感慨万千的老兵们商定，一定要找到寄信人。

从邮戳上看，所有"回形针"信件都是从一个邮局寄出。虽然时间过去很久，但邮局还在，一位老员工恰好对热情善良的丽娜很熟悉，给了他们丽娜的详细地址。

于是，在十周年纪念日当日，老兵们相约来到丽娜家，送给她鲜花和惊喜。很多没有收到"回形针"信笺的战友们，也主动要求一起前往，表达他们对一位仁爱女人的挚诚敬意。

在后来的叙谈中，一位老兵说："战争期间我曾想过自杀，是这枚回形针陪伴着我，让我从死亡和血腥里，看到了温暖和光明。我知道有人在想念我，爱护我，才有勇气继续战斗下去。"

另一位说："在我收到回形针信件后，我一直在思索是谁寄给我的。是我暗恋的女孩？还是邻居好心的阿姨？或者是最铁的中学朋友？后来，我想，不管寄信人是谁，他（她）都是我正在浴血奋战、全力保护的祖国人民。"

一个年纪 30 来岁的年轻人，从兜里掏出那枚仍未退色的黄色回形针，感叹地说："我参军时还很小，幸好有它陪着我，好比给冰雪中行走的人燃了一盆火，让沙漠中跋涉的人有了一眼甘泉——这种陌生的深爱，即使在战争之后也温暖着我，让我对生活永远充满期望和热情。"

……

丽娜的眼睛湿润了很多次。

她从没想过，一枚普通的回形针，竟然会让这些经历了战火纷飞、生死之痛的老兵们，深深地铭记十年。是的，一个小小的善举，或许就是一粒坚韧的种子，它会生根发芽，抽叶开花，让这个世界芬芳四溢，美如天堂。

宝鼎现·春月

〔南宋〕刘辰翁

红妆春骑，踏月影、竿旗穿市。望不尽楼台歌舞，习习香尘莲步底。箫声断，约彩鸾（luán）归去，未怕金吾呵醉。甚辇（niǎn）路喧阗且止，听得念奴歌起。

父老犹记宣和事，抱铜仙、清泪如水。还转盼沙河多丽。溟濛明光连邸第，帘影动、散红光成绮。月浸葡萄十里。看往来神仙才子，肯把菱花扑碎？

肠断竹马儿童，空见说、三千乐指。等多时、春不归来，到春时欲睡。又说向灯前拥髻，暗滴鲛（jiāo）珠坠。便当日亲见《霓裳》，天上人间梦里。

【译文】

红妆盛艳的佳丽骑马游春，踏着婆娑的月影，高竿上彩旗如林，在闹市华街穿游追寻。迤逦的楼台歌舞一眼望不尽，随着丽人们秀足莲步带起了脂香弥漫的微尘。幽婉欲断的箫音，呼唤着彩鸾期约归去，今夜不用怕执金吾的呵禁。皇帝车辇正从大路驶过，闹市的喧哗暂时静息，只听歌女们欢歌四起。

宣和年间的繁华旧事父老们还有记忆，北宋沦亡了，抱着金铜仙人，如流水般洒落清冷的泪滴。南宋承平，又能环顾临安城沙河塘的繁华美丽。河面上灯烛倒映，明光闪烁是连绵不断的宅邸。帘影忽儿凝定，又忽儿散开化成一片彩锦，灯光灿灿的涟漪。月色浸润着西湖的十里深碧。看那些往来游春的神仙般的美女和才子，谁肯将菱花镜儿打碎，亲人分离？

令人断肠悲凄那些骑着竹马嬉戏的小儿女，空自听说大宋宫廷的盛大乐队拥有三百乐伎，久久地期待，春天不归来，待到春天归来时，人已昏昏欲睡，错过它的归期。又在灯前捧着发髻诉说往日的哀凄，暗暗坠下珍珠般的泪滴。即使当时亲眼看见《霓裳》乐舞的盛况，而今也是天上人间永相隔，犹如在梦里。

【赏析】

这首词分三段写北宋、南宋及作词当时的元宵节场景，形成强烈的对比，表现作者悼念恨怅之情。在词中，作者用大量篇幅回忆宋代元宵节繁华、热闹的景象，抒发了自己的亡国之痛和"故国不堪回首月明中"的感慨。

一阕写北宋年间东京汴梁元宵灯节的盛况。着重写仕女的游乐，来衬托昔日的繁荣景象。旧时女子难得抛头露面，写她们的游乐也最能反映当时繁华喧闹的游众之乐。"红妆春骑，踏月影、竿旗穿市"三句写贵妇盛妆出游，到处是香车宝马；官员或军人也出来巡行，街上旌旗遍布。

接着便写市街楼台上的文艺表演，台下则观众云集。古代京城有执金吾（执金吾）禁夜制度，"唯正月十五日夜，敕许金吾弛禁，前后各一日。""未怕金吾呵醉"写出元夕夜禁令不张，自由欢乐的氛围。紧接着"甚辇路喧阗且止，听得念奴歌起"一句，写在皇家车骑行经的道路（"辇路"）人声嘈杂，突然又鸦雀无声，原来是著名歌手开始演唱了。

以上写北宋元夕，真给人以富贵奢华的感觉。之后"父老犹记宣和事"一句启下，转入南宋时代。

"抱铜仙、清泪如水"借用典故寄寓作者亡国之痛。南宋时，元夕的情景不能与先前盛时相比，但也有百来年的"承平"，因此南宋都城杭州元夜的情景，仍颇值得怀念。沙河塘在杭州南五里，繁盛之时，笙歌不绝。故词中谓之"多丽"。然后词人写到月下西湖水的幽深和碧绿。

灯红酒绿之中，那些"神仙才子"，有没有人像南朝徐德言那样预料到将有国破家亡之祸，而预先将菱花镜打破，与妻子各执一半，以作他日团圆的凭证。"肯把菱花扑碎"一句，寓有词人刻骨铭心的亡国之痛，故在三阕一开始就是"肠断竹马儿童，空见说、三千乐指"，总收前面两段，抒发往事如烟、江山不再的感慨。三千乐指：宋时旧例，教坊乐队由三百人组成，一人十指，故称"三千乐指"。入元以后，前朝遗老固然知道前朝故事，而骑竹马的儿童，则只能从老人口中略知一二，可惜已无缘得见了。季节轮回依旧，人们依旧盼着春天，盼着元夕，但蒙古统治下，使元夕不免萧条。

"等多时、春不归来，到春时欲睡"，于轻描淡写中写尽无限的哀愁。元宵是灯节，"红妆春骑"、"辇路喧阗"的热闹场面已成为遥远的过去，已今非昔比。

汉人与南人，只能对着室内孤灯，追忆旧事，泪湿襟巾。"灯前拥髻"诸句专写妇女的情态，与一阕形成鲜明对照。年轻的人们因为生不逢辰，无缘窥见往日元夕盛况而"肠断"；而老人们呢，"便当日亲见《霓裳》"，又该如何？还不是春梦易醒空余恨而已，"天上人间梦里"用李后主《浪淘沙》"流水落花春去也，天上人间"语，辞气悲凉，亡国之痛跃然纸上，读之令人抚膺大恸。

这首词颇具艺术特色，三叠的结构布局分别写出三个时代的元宵节场景。内在逻辑性强，结构错落有致，自然贴切，因为词人将回忆、痛苦、感慨种种情感糅合起来，所以极其贴切地表达了昔日遗民的心情，因此杨慎说这首词"词意凄婉，与《麦秀》何殊"。

拉比的烟斗

叶 航

飞行员章胜利因为股票和太太吵了一架生病了，我有些愧疚地去医院看他，一见面章胜利就老泪纵横，似乎有说不清的委屈一样。50 多岁的章胜利，他那飞行员身体很少生病，这回是因为股票才生病的。其实，章胜利做股票的时间一年多，投资 100 多万元，目前账户上的总额已经有 200 多万元，应该说他的投资是非常成功的，可就因为 5 月 30 日股市大跳水时，他有一批股票没来得及跑掉，几个月下来缩水几十万，老章越想越觉得亏，总觉得市场和行情故意作弄他，他甚至迁怒于老婆没有及时为他止损。想得太多了，上个月中旬老章终于生病倒下了。

老章不是个会打理财富的人，他做股票纯粹是因为 2006 年行情热闹，赚钱的消息不绝于耳，听别人忽悠多了自己才勇敢"下水"的。但老章也的确赚了，到今年 5 月 30 日之前，老章投资了 100 多万元的账户上居然有了 250 多万元。5 月 30 日股市大跳水时老章正好飞国际航班去了美国。他在美国遥控他老婆清仓，他老婆从来没有碰过股票，只好再向我求救。虽然是朋友，我一般不过问人家的股票是怎么做的，在帮他们清仓时我才知道章胜利是怎样做股票的。只要听别人说好，他什么股票都买，一只股票买几百股到几千股、几万股不等，到 5 月 30 日老章的账户里还有 30 多种近 20 万股的股票没清仓。当时看得我真有些头晕，品种太多，我实在是没有办法在差不多只有半天的时间里帮他处理这么多股票。被套牢的股票按照后来老章割肉的价格来核算，老章少赚了大概五六十万吧。不过，总的来说老章还是赚了，一年多时间赚了 100 万左右。可老章一直看不到自己赚的钱，而老想着自己少赚的那五六十万。他不止一次地跟我说："我的一辆宝马车的钱没了呀！"越是这样老章越是不能自拔。

在医院里，我问老章："你觉得你到底亏在哪里呢？"老章还是这样认为，他说："已经到我口袋里的钱弄丢了，那当然是亏了。"我说："那你为了一个根本没有损失的损失而伤了自己的身体，你不是更亏了吗？"老章这一住医院，有一个多月的时间不能去飞航班，他的航班飞行小时费又得损失不少，这个财富的价值又如何去核算呢？

去探望老章，一方面是对老章身体上的病痛有所安慰，另一方面作为朋友，我倒是想让老章对财富有不同的认识。我给老章讲了犹太人的财富"圣经"《塔木德》里的一则非常有趣的故事：

一位令人尊敬的拉比①去世了。他所有的信徒都渴望得到他的一件遗物。其中一个学生心系一柄精美的烟斗。拉比的妻子告诉他，"这要花你 100 个卢布。"信徒有些犹豫地说："对我来说这是一大笔钱。但是，请先给我看看，然后我再作决定吧。"于是，拉比的

---

① 拉比，有时也写为辣彼，是犹太人中的一个特别阶层，主要为有学问的学者，是老师，也是智者的象征。

妻子把烟斗给他，他点燃了烟斗，刚吸完第一口不久，就仿佛看到了天堂的七重门全为他打开，里边有着迷人的风景。学生大喜过望，赶快用激动的双手数了 100 个卢比给了拉比的妻子，然后兴冲冲地带着烟斗回家了。

　　到家之后，他再一次点燃烟斗，并狠狠地吸了一大口。结果什么都没有发生！他又继续狠狠地吸了一口，结果还是什么也没有看到，学生觉得亏大了，他赶忙去找新来的拉比，并上气不接下气地告诉他整个事情的经过。"我的孩子，"新拉比微笑着说，"事情很简单，当烟斗仍属于拉比的时候，你吸烟时看到的是拉比烟斗里的风景。而当你花 100 卢布买下它，你心里老想着你花掉的那 100 卢布，它也变成了一只普通的烟斗了，那你吸烟时只能看到你的平常所见了。"

　　故事告诉我们，看事物有不同的角度，看你站在什么角度来衡量你所面对的一切，其实，世界没有改变，改变的只是我们的心情；财富的本质也没有改变，改变的只是我们对财富的不同理解。

只需改变一点点

宁海燕

一位河南小伙子，在北京三里屯市场卖菜。每月都靠勤扒苦做，也能挣 1000 多元，但尽管干了 5 年，却只能养家糊口。

一次，他发现一位金发碧眼的老外正认真地挑选一些看上去"精致小巧"的菜品，他很奇怪："中国人都喜欢挑选大个头的菜品，而老外为什么偏偏挑选小的呢?"小伙子多了个心眼，跟老外聊了起来。原来，东西方饮食观念不同，老外认为小巧的菜品不仅漂亮，而且营养价值高。

了解到这个"秘密"后，小伙子每次进菜都挑同行不喜欢进的小巧菜品。由于他的菜品紧紧抓住了外国客人的喜好，加上三里屯老外很多，他的生意很快就红火起来。

尝到甜头的小伙子牢牢抓住商机，与一些蔬菜批发市场的供货商悄悄签订合同：凡是小菜品都归他所有。就这样，他在菜市场里做起了"垄断"生意。他的菜品"特色"慢慢地在老外中有了一定的名气。他在市场里租了一个店面，还取了个洋名字"LOU'S SHOP"。随着名气的增大，他认为有老外的地方就应该有"LOU'S SHOP"。他前后在北京市区开了 11 家连锁店。为了保证最优质的货源，他还在京郊的大兴县买了一块地，建立了自己的蔬菜基地。

他作为"中国卖菜工的第一人"，收到了美国农业部的邀请，远赴美国进行半个月的实地考察，学习美国的农业技术和管理经验。

他叫卢旭东。他总把一句话挂在嘴边：有时成功只需要改变一点点。

人生马拉松，蒙眼往前冲

〔日〕村上春树

1996 年 6 月 23 日，我报名参加了在日本北海道佐吕间湖畔举行的超级马拉松大赛，全程 100 公里。清晨 5 点，我踌躇满志地站在了起跑线上。比赛的前半段是从起点到 55 公里休息站间的路程。没什么好说的，我只是安静地向前跑、跑、跑，感觉和每周例行的锻炼一样。到达 55 公里休息站后，我换了身干净衣服，吃了些妻子准备的点心。这时我发现双脚有些肿胀，于是赶紧换上一双大半号的跑鞋，又继续上路了。

从 55 公里到 75 公里的路程变得极其痛苦。此时的我心里念叨着向前冲，但身子却不听使唤。我拼命摆动手臂，觉得自己像块在绞肉机里艰难移动的牛肉，累得几乎要瘫倒在地。

一会儿工夫，就有选手接二连三超过了我。最让人心焦的是，一位 70 多岁的老奶奶超过我时大喊："坚持下去！"

"怎么办？还有一半路，如何挺过去？"这时，我想起一本书上介绍的窍门。于是我开始默念："我不是人！我是一架机器。我没有感觉。我只会前进！"这句咒语反复在脑子里转圈。我不再看远方，只把目标放在前面 3 米远处。天空和风、草地、观众、喝彩声、现实、过去——所有这些都被我排除在外。

神奇的是，不知从哪一秒开始，我浑身的痛楚突然消失。整个人仿佛进入自动运行状态。我开始不断超越他人。接近最后一段赛程时，已经将 200 多人甩在身后。

下午 4 点 42 分，我终于到达终点，成绩是 11 小时 42 分。

这次经历让我意识到：终点线只是一个记号而已，其实并没有什么意义，关键是这一路你是如何跑的。

人生也是如此。

奥巴马邻居卖房的启示

佚　名

　　美国总统奥巴马上任后不久，就离开芝加哥老家，偕妻子米歇尔和两个女儿入住白宫。

　　面对多家媒体的采访，奥巴马深情地表示，他非常喜欢位于芝加哥海德公园的老房子，等任期满了之后，他还会带着家人回去居住的。这个消息可让比尔高兴坏了，因为他是奥巴马的老邻居。

　　几年前，比尔曾经和人打赌，他信誓旦旦地说自己到了2010年，一定会成为百万富翁，眼看期限只剩1年了，他的目标还远未实现。

　　现在，机会终于来了。他的房子因奥巴马而身价百倍。能和全世界最著名的人物之一——美国总统奥巴马做邻居，这是多么难得的事情呀！因此，他满怀希望地将自己的房子交给中介公司出售。

　　为了推销自己的房子，比尔还特意建了一个网站，全方位介绍他的住宅：这幢豪宅拥有17个房间，近600平米，非常实用舒适。

　　更重要的是，奥巴马曾经多次来此做客，还在他家的壁炉前拍过一个竞选广告。这是一栋已经被载入史册的房子！比尔相信，有了这些卖点，他的房子一定能卖出300万美元以上的高价。

　　不出所料，这个网站很快就有几十万人点击浏览，然而，让比尔大跌眼镜的是，关注房子的人虽多，但没有一个人愿意购买。到底是什么原因让买家们望房却步呢？

　　为了弄明白究竟是怎么回事，比尔仔细地查看了网站上的留言。原来，大家担心买了他的房子之后，就会生活在严密的监控之下。

　　是的，奥巴马和他的妻女虽然都去了白宫，但这里依然有多名特工在保护奥巴马的其他家人，附近的公共场合也都被密集的摄像头所覆盖。只要出了家门，隐私权就很难得到保护。

　　更要命的是，等奥巴马届满回来之后，各路记者肯定会蜂拥而至。那时，邻居们的生活必将受到更严重的干扰。到那时，每天出入这里，恐怕都将受到保安和特工像对待犯人那样的检查和盘问。这样的居住环境，跟在监狱又有什么区别呢？就连朋友们，估计也会因为怕麻烦而不敢上门了！

　　就这样，过了1年多，房子依然没卖出去。比尔非常心焦，他此前向家人承诺过，房子卖出后就全家一起去度假，但一直到现在还不能兑现诺言。他和朋友打的赌也眼看就要输了，正在这时，一个叫丹尼尔的年轻人找到了他。

　　丹尼尔告诉比尔想买房的原因，他和奥巴马一样，都有黑人血统。奥巴马是他的偶像，不过，他还从未和奥巴马握过手。如果他买下这里，就有机会见到总统了。

　　房子终于有买主了，比尔激动得差点掉泪。虽然丹尼尔非常愿意买比尔的房子，但问题是，他支付不起太多的钱。比尔好不容易遇到一个买主，当然不愿轻易放过，他做出了很大的让步，最后，两人签下了如下协议：丹尼尔首付30万美元，然后每月再付30万，5个月内共付清140万美元。房子则在首付款付清后，归丹尼尔所有。

比尔很高兴，虽然房子的最终售价远远低于当初他期望的300万，但20多年前，他买下此房时，只花了几万美元，因此还是赚了。何况，上了年纪的他早想落叶归根，搬回乡下的农庄了。

拿到首付款后，比尔给丹尼尔留下了自己的账号，然后带着家人出去旅游了。出发那天，他得知丹尼尔将房子抵押给银行，贷了一笔款。

等半个多月后回来，比尔发现丹尼尔竟将这栋豪宅改造成了幼儿园。原来，丹尼尔本来就是一家幼儿园的园长，因此，在这里办个幼儿园不是难事。

当房子的用途从居住改为幼儿园之后，那些过于严密的监控就显得很有必要。这个毗邻奥巴马老宅的幼儿园，成了全美最安全的幼儿园。不少富豪都愿意把孩子送到这里来。

为了给幼儿园做推广，丹尼尔还联系到了不少名人来给园里的孩子们上课。这些名人中有不少是黑人明星，他们为奥巴马感到骄傲，也为能给奥巴马隔壁的幼儿园讲课而激动，再加上这里是记者们时刻关注的地方，来这里与孩子们交流，自然能增加曝光率，因此，名人们都很乐意接受丹尼尔的邀请。

第一个月，丹尼尔用收到的首期学费轻松地支付了比尔30万。幼儿园开张两个月后，奥巴马抽空回老家转了一圈，顺便看望了一下他的新邻居们，这一下，丹尼尔幼儿园更加有名。

越来越多的名人主动表示愿意无偿与孩子们交流。更有很多家长打电话，想让自己的孩子来此受教育，为此多付几倍的学费他们也乐意。

很多广告商也开始争先恐后地联系丹尼尔，他们想在幼儿园的外墙上做广告，这里的曝光率实在太高了，不做广告太可惜了。

为此，丹尼尔打算进行一次拍卖广告墙的活动。想来参加竞标的品牌很多，但像烟、零食、酒这样的广告，无论出多少钱，丹尼尔都不允许他们参加竞标。

5个月后，比尔就收齐了140万美元的房款，终于在2010年年末如愿以偿地成了百万富翁。不过，比尔明白，这场交易中，最大的赢家并不是自己，而是奥巴马的新邻居——幼儿园园长丹尼尔。

多收了两美分

闻 宜

尼查·克尔德是美国阿肯色州斯密斯堡市一家制药公司的首席营销员，公司每成功研制出一种新的药品，都会交给他去试推销，而精明的尼查每次都能圆满地完成推销任务。

前不久，公司又研制出了一种治疗冠心病的"特效新药"。严格地说，这种药并不是什么"特效新药"，只不过是换了一种包装和名称而已，以争取握得进入市场的胜券。这当然又责无旁贷地成为尼查必须完成的任务指标。作为首席营销员的尼查通过先期市场调查后发现，这种药品利润不太丰厚，而市场上同类药品又比较多，竞争非常激烈，感到要完成任务指标的确有一定的困难。

但这并不影响尼查非要完成任务指标的决心。作为"先头部队"的尼查走进了一家颇具规模的医药销售连锁店，找到了药品供应处的麦克·托里达主管，极力向他推销这种特效新药，并暗示如果药店答应进货，他不会让主管先生感到失望的。掌握着药品进货权的麦克经不住尼查的花言巧语，便答应负责销售这种特效新药。双方达成了长期产销协议后，尼查悄悄塞给麦克一块价格不菲的名表。该批次药品的每盒零售价相应地提高了两美分，当然也得到了市医药管理署的许可。

过了一段时间，有几位"资深"的冠心病患者向市医药管理署提出质疑，该连锁药店所销售的这种治疗冠心病药物的药效并不像说明书说的那样神奇，好像和该公司以前所生产的一种药品的药效差不多，而且两种药品价格不一样，前者要比后者贵出两美分，顾客要求予以调查解释。

市医药管理署没有也不敢怠慢，立刻派人到这家医药连锁店展开调查。药店方理所当然地责成主管麦克先生出面"说说清楚"。麦克振振有词称：该批次的药品进价本身就高出1美分，再加上药店所准许赚取的利润比例，这样每盒"特效新药"所标的零售价是合理的。调查员认真仔细地审计了该批次药物的账目流程登记图表，没发现什么异常，也就是说，这区区1+1美分的价格波动在数值巨大的曲线图表上是微不足道的。于是调查员又按图索骥赴这家制药公司进行调查，公司将原料采购到生产流程等系列图表和盘托出给了调查员过目，调查员经过一一统计分析，也找不出该批次药品成本要多出1美分的任何理由。与此同时，心细如发的调查员还将该"特效新药"的抽样品送至检验室检验，结果证明该药品并不是什么"特效新药"，只不过是玩了一种"新瓶装旧酒"的把戏。

疑点最后聚焦到了尼查身上，市医药管理署请求公司所在的辖区警察署联合行动，对首席营销员尼查展开全面调查。一贯能言善辩的尼查经不住两方的步步夹攻，最后承认是将送给麦克一块价值15万美元的手表费用以化整为零的方式分摊到了该"特效新药"的零售价里。

结果是：行贿的尼查·克尔德和受贿的麦克·托里达被警方传唤去做进一步的审讯，

那块价值15万美元的手表委托给拍卖公司，拍卖所得转赠给了州慈善机构。该制药公司和销售连锁店被永久性地取消了生产销售这种药品的资格，一位首席执行官和一位总经理被董事会永久性地罢免。两家公司还要负责向所有购买该批次药品的患者致歉，并逐一退还多收的两美分，对于还没有销售出去的这一批次药品全部封存，以待市医药管理署研究后处置。而作为市医药管理署的署长，由于有悖于自己在任职期内"让所有买卖在阳光下进行"的诺言，愧疚得无地自容，而不得不引咎辞职。

渔家傲·塞下秋来风景异

〔北宋〕范仲淹

塞下秋来风景异，衡阳雁去无留意。四面边声连角起。千嶂里，长烟落日孤城闭。

浊酒一杯家万里，燕然未勒归无计。羌管悠悠霜满地。人不寐，将军白发征夫泪。

【译文】

秋天到了，西北边塞的风光和江南不同。大雁又飞回衡阳了，一点也没有停留之意。黄昏时，军中号角一吹，周围的边声也随之而起。层峦叠嶂里，暮霭沉沉，山衔落日，孤零零的城门紧闭。

饮一杯浊酒，不由得想起万里之外的家乡，未能像窦宪那样战胜敌人，刻石燕然，不能早作归计。悠扬的羌笛响起来了，天气寒冷，霜雪满地。夜深了，将士们都不能安睡。将军为操持军事，须发都变白了；战士们久戍边塞，也流下了伤时的眼泪。

【赏析】

作者于宋仁宗康定元年（1040）任陕西经略副使兼知延州，抵御西夏发动的叛乱性战争。他在西北边塞生活达四年之久，对边地生活与士兵的疾苦有较深的理解，治军也颇有成效。当地民谣说道："军中有一范，西贼闻之惊破胆。"这首词当作于是时。

这首词反映了边塞生活的艰苦。一方面，表现出作者平息叛乱、反对侵略和巩固边防的决心和意愿，另一方面，也描写了外患未除、功业未建以及久戍边地、士兵思乡等复杂矛盾的心情。这种复杂苦闷心情的产生，是与当时宋王朝对内对外政策密切相关的。作者针对现实，曾经提出过一系列政治改革方案，但都未得采纳。北宋王朝当时将主要力量用于对内部人民的镇压，而对辽和西夏的叛乱侵扰，则基本采取守势，这就招致了对辽和西夏用兵的失败，结果转而加速了国内的危机。范仲淹在抵御西夏的斗争中提出了某些正确建议，主张"清野不与大战"，待"关中稍实"，"彼自困弱"，并坚决反对"五路入讨"。但他的主张并未被采纳，终于遭致了战争的失利。他自己还遭受过诬陷和打击。词中所反映的那种功业未建的苦闷心情，正是这一历史现实的真实写照。

上片描绘边地的荒凉景象。首句指出"塞下"这一地域性的特点，并以"异"字领起全篇，为下片怀乡思归之情埋下了伏线。"衡阳雁去"是"塞下秋来"的客观现实，"无留意"虽然是北雁南飞的具体表现，但更重要的是这三个字来自戍边将士的内心，它衬托出雁去而人却不得去的情感。以下十七字通过"边声"、"角起"和"千嶂"、"孤城"等具有特征性的事物，把边地的荒凉景象描绘得有声有色，征人见之闻之，又怎能不百感交集？首句中的"异"字通过这十七个字得到了具体的发挥。

下片写戍边战士厌战思归的心情。前两句含有三层意思："浊酒一杯"扑不灭思乡情切；长期戍边而破敌无功；所以产生"归无计"的慨叹。接下去，"羌管悠悠霜满地"一句，再次用声色加以点染并略加顿挫，此时心情，较黄昏落日之时更加令人难堪。"人不

122

寐"三字绾上结下,其中既有白发"将军",又有泪落"征夫"。"不寐"又紧密地把上景下情联系在一起。"羌管悠悠"是"不寐"时之所闻;"霜满地"是"不寐"时之所见。内情外景达到了水乳交融的艺术境界。

在范仲淹以前,很少有人用词这一形式来真实地反映边塞生活。由于作者有较长时期边地生活的体验,所以词中洋溢着浓厚的生活气息。宋魏泰在《东轩笔录》中说:"范文正公守边日,作《渔家傲》乐歌数阕,皆以'塞下秋来'为首句,颇述边镇之劳苦,欧阳公尝呼为穷塞主之词。"可惜这组反映边塞生活的词早已散佚,只剩现存的这一首了。在北宋柔靡词风统治词坛的形势下,能够出现这样气魄阔大的作品,的确是难能可贵的。它标志着北宋词风转变的开端,并说明范仲淹实际上是苏轼、辛弃疾豪放词的先驱者。

台湾小贩

绿　妖

台湾是怎么管理小贩的，一直是我很好奇的一件事。跟在阳台晒衣服都可能违法的美国不同，华人有爱摆摊的传统。台湾是怎么管理这个让现代都市头疼的"传统文化"的？

第一次和这个问题遭遇，是 2011 年首次去台湾，出租车司机说，在台湾，街头艺人是有证的，街头小贩也是有证的。后来停发小贩证，因为房子越盖越密集，政府希望做生意就租个房子。但有人因为习惯、或租不起，还是在街头。怎么办？警察给街上小贩轮流开罚单，但不赶人。如果有人投诉，警察就说：我有处理，有开罚单。司机总结：不然怎么办，管太严要出事的。

我发了条微博，在那条微博下，一位台湾网友补充说明：基本上，每个月，摊贩会固定被开三张单子，一张大的 1200 台币，一张小的 300，还有一张不用罚款的劝导单……除此之外，警察不会来骚扰你。

一个月一共 1500，合人民币约 300。

这是真的吗？没人管，小贩会不会堵塞道路？垃圾遍地丢？影响市容整洁交通怎么办？

2013 年，我去台湾采访，主要在台中市新社区。

新社的菜市场，就在农会外面的街道两边，连绵几百米。如果是固定借人家屋檐或店面门口，可能和屋主商议有个包括水电在内的费用。如果是不固定摊位，则没有摊位费，地点自便。

仔细观察，会发现，第一，菜市场没有人用高音喇叭吆喝。看来虽然不禁止小贩，但对噪音有所控制。如果不是有管理规则，就是大家自发遵守一定规则。第二，果菜堆放凌乱丰富，但多严守界限，退在街道两侧一条划分机动车和行人区的白线之内。第三，卖完收摊时，小贩会清扫摊位，并用水龙头冲刷地面，直至彻底干净。

在东势区丰原客运站的站口（这是此地黄金地段），有两个阿婆摆的小摊。右边阿婆的摊子格外地娇小，只有五个托盘：腌红肉李、腌李子、腌芭乐、蒸花生。左上角和左下角都是红肉李，左上角是腌的，糖分深深渍入果肉，吃一口，甜到心里。

阿婆在这个地方，已经摆了几十年的摊。再早，她指一指窄窄的马路对面的小店：我在那个店卖面条，卖了 30 年。为什么不做了？阿婆轻声说：我老了。

她今年 78 岁，看起来还很精神，穿着黑白细条纹 POLO 衫，翻出一个俏丽的紫领子。听我说想拍照，先捂着嘴笑起来：啊，我都没有准备。依稀看到她年轻时的样子，一个爱笑的姑娘。

买了她五六个腌红肉李，她一拨拨递过来别的，执意让我们品尝——最后她五个托盘里的水果，我和朋友都吃了个遍，最后又执意塞我手里一塑料袋花生。她哪里是在做生意？我们吃掉的，比买的还多。

她并不是孤老，她的儿子就在对面，开一家便当店。但是，她虽然老了，还是希望活得有尊严，自己挣钱，不手掌向上跟儿子要钱。

她的五个托盘的小本生意进货渠道如下：红肉李是她梨山农场的同学供货，水果托付给丰原客运的司机，开到这一站，就拎下来交给她。其他的，中盘商会每天供货。她收集好这小巧的、像过家家一样的五个托盘的食物，水果以糖腌制起来，放一晚，第二天就脆甜。花生用高压锅蒸起来，蒸出来的花生特别特别面。每天，她都只卖这么多，到傍晚时，通常都会卖得差不多。剩下的，带回去给儿子。

朋友上学时吃她的水果，朋友的妈妈吃过她的花生。朋友是客家人，说，这种糖腌水果是客家传统，咬一口，又感慨：跟我小时候吃的一模一样。

摆一个小摊，会不会被警察赶呢？阿婆撇嘴说，他们偶尔会来开罚单。一次1200新台币（折合人民币两百多）。为什么不租个门面摆摊，就可以不被开罚单了。阿婆又抿嘴笑笑，指一指街角的水果店：他们一间房，月租三万呢，也要被开罚单，因为水果摆到了人行道。又指一指对面的"章鱼小丸子"推车：那个也要开罚单。

其实答案可想而知。阿婆年纪大了，无法胜任经营一个月租三万的门面房需要的充沛精力。摆一个小摊，每天卖这五个托盘的小玩意，是她目前仅能做的劳动。而想必警察的罚单也并没那么频繁，让这条街维持在一个微妙的生态平衡。

我们一个劲跟阿婆聊天，她手里拿着一个小小的，像玩具一样的饭团，拿起又放下，终于，她温文尔雅地问：你们吃过饭了吗？——这是下午两点多，她早想吃饭了，被我这个没眼力的缠着问东问西，而她表示她想吃饭的方式是多么优雅含蓄：你们吃过饭了吗？要不要尝一尝我自己做的饭团？

阿婆吃这个小小的饭团，是坐下来，脸被水果和秤挡住一部分，又微微低下头，很斯文地吃着。那时，为了不打扰她，我走开了。但还看得到她的仪态——对的，一位78岁，卖水果的小贩，吃饭时也有美的仪态。

最后，我们吃完李子，环顾四周没看到垃圾桶，问阿婆水果核可以丢在哪里。她伸出手，掌心衬一张餐巾纸，让我们把核给她。她小心翼翼地把它包了起来。我扫视一眼地上，周围果然干净得没有一个果核，一粒花生皮。

阿婆包起果核的样子，犹如女王包起她的珍珠首饰，很有尊严，很美。

坚持的价值

〔美〕罗伯特·科利尔

安详、明亮的月光洒向平静的海面。

但空中突然响起了枪炮的轰鸣，海水咸腥的气息立刻被硝烟的辛辣所中和。折断的桅杆、圆木和风帆的碎片漂得到处都是——到处都是拼命挣扎的人们。

其中一条船上的枪炮突然静了下来——这条船的帆已经没了，桅杆也只剩下了参差的杆子。在水面以下的船体已经裂开。它的船长是不是已经决定投降了？毕竟他能有的选择只是一条沉船和葬身海底。他或许认为该投降了。

另外一条船的船长注意到了这突然的平静。投降了吗？他想着。如果他们已经弃械的话。他们的舰旗应该已经降下来了。但是透过烟雾看不清他们在做什么。因此他朝对面的船喊了过去："你们降旗了吗？"

从那正在碎裂的船上传来了回答。充满了挑战："我还没开始战斗呢！"

那是约翰·保罗·琼斯，美国海军的英雄。他不是要承认失败，他在想着进攻的新计划。

因为他自己的船正在下沉。他取胜的唯一办法就是登上对方的船。在英国人的船上与之作战！

慢慢地他把自己那艘已经难以驾驭的船靠近了敌船。船帆刮了一下敌船的船帆，然后又滑开了。保罗·琼斯的船试了几次要靠牢敌船，但都没有成功。然后，很巧的，他的船只的锚钩钩住了对方船上的铁链。抓到敌人了！很快水兵们就熟练地把两条船用绳子紧紧地绑在了一起。

"到他们的船上去，到他们的船上去！"约翰大喊。这些勇敢的美国水兵游到了对方的船上——开始了战斗。

很快，唯一幸存的英舰的船长降下了自己的旗帜。而约翰和他英勇的士兵们则成了英舰"萨拉匹斯"号的主人。当他们驾船离开时，他们自己的那条无望的船，慢慢地沉没了。

我们中的大多数人远比我们自己所认为的更能够坚持。如果不是因为坚持，约翰不会驾着萨拉匹斯回国，而很可能已经和他的船一起葬身海底了，或者已被英军抓获，被作为海盗在桅杆上绞死。

我们都很能坚持——但却不能正确地运用这种坚持。在两个人当中，一个聪明，但不甚坚持；另一个只是一般聪明，但却极能坚持。第二个人取得巨大成就的可能性肯定要比第一个大得多——无论是在科学、艺术还是商业领域，均衡的法则总是偏爱那些执著的人。坚持是一个人生命意志的表达。如果最初你没有成功，就用不同的方法再试、再试……我们或许可以借助这一力量来排除障碍、取得自由或成功。

于丹的短板

张珠容

在不少人眼中，满腹经纶的于丹是最受欢迎的"段子大王"和"学术超女"，称得上"中国第一才女"。其实，在现实生活中，于丹是短板多多的小女人。

于丹生来偏科，一直对数学不感冒。一次在饭桌上，已经上小学二年级的女儿问于丹："妈妈，527 减 107，等不等于 527 减 100 加 7？"于丹想了想，回答说："等于啊。"女儿于是就让妈妈算算看。于丹停了筷子认真一算，才知道自己错了。

于丹的错误惹得在场所有人都哈哈大笑。她却不恼不火，说："数学计算失误，确实是我的短板，但这个短板至少也带来了两个长板效应。第一，它激励了女儿——女儿会想，连妈妈都被我考下去了，以后我得再接再厉，给她出更多的题。这样一来，她不就更热衷于学习数学了？第二，失误也让我意识到了一点，凡事都别被自己的惯性思维给耽误了。拿今天这件事来说，在对待一件已经认定的事情上，我稍稍多花了一点工夫去仔细分辨，结果发现它是一个伪命题。长此以往，我会扔掉越来越多的伪命题，烦恼也会越来越少。这样说来，短板有什么不好呢？"

于丹反观短板的态度，说得在场所有人心服口服。

于丹的方向感极差，在学校里，她经常为找不到图书馆或哪个教学楼而气急败坏。于丹曾去过北极，也曾去过南极，分别见过北极熊和企鹅。一次，在学生面前，她讲到"北极的企鹅"时，底下哄堂大笑。学生们纷纷起哄："企鹅是南极的！"陷入尴尬的于丹非但没有为自己争辩，反而谦虚地承认："不得不说，方向感差也是我的一个短板，但这个短板也经常带给我欢乐。比如，当我站在南极点时，我终于可以肯定地说：我 40 多年都找不着北，但此刻，我往任何一个方向它都是北！"

于丹这次谦虚而幽默地对待短板的态度，同样也让学生们折服。

偏科、糊涂，对待这些短板，于丹从不避讳。于丹曾说丈夫娶她完全是"收容"她，主持人杨澜曾对她超差的方向感百思不得其解，却实在佩服她老能记住一些故事，信口拈来就是一个又一个富有深意的段子。这次，于丹照样搬出自己的短板进行解释："你想想，我是个连家门都记不住的人，可想而知，我大脑里腾出的内存空间比你们的都大。既然内存大，如果我再不记住点什么，不就直接被国家'收容'了吗？"

的确，一个人不是为了标签而活，你没法较劲地和别人说自己什么事都能做到最好，所以只有接受自己的短板，才有可能真实起来。

一碗牛肉粉

周 瑶

24 岁的张天一决定在北京开一家常德米粉店之前，已经出过书，还是一名专栏作家，在全国办过巡回讲座，有一批忠实"粉丝"。

那年的高考作文，他写的文言文作为反面教材上了新闻。大二时他放弃学生会主席转正的机会，创办"天一碗"餐馆，开了两家连锁店。从北外毕业时，他放弃可出国交流的保研机会，以总成绩第一名考取了北大的硕士研究生，导师是北京大学常务副校长、金融法研究中心主任吴志攀。

2014 年 6 月，即将研究生毕业的他，又召集了 3 位合伙人，在寸土寸金的北京 CBD 环球金融中心地下一层，开了一家"伏牛堂"湖南常德牛肉米粉店，并宣称"我们是'90后'，为自己上班""用知识分子的良知，在他乡，还原家的味道"。

37 平方米的空间在同层的餐饮店铺里显得十分局促。为保证质量，他们每天只限量供应 120 碗米粉，想吃得提前一天预约。下午 3 点，远远就能看见门口挂着的"米粉已售罄，欢迎预约下一时段"的告示牌。

小店的布置隐约有日式拉面店的风格。张天一很推崇日本纪录片《寿司之神》。每来一家媒体采访，他都重复一次，说自己也想像片中卖了一辈子寿司的小野二郎那样"经营一种生活方式"。

许多湖南老乡慕名前来，但大都带着"不太可能好吃"的心理。一天晚上，一位在北京定居多年的 66 岁常德阿姨慕名前来，她不懂预约，最终赶到时，米粉已经卖完。阿姨匆忙离开，没过一会儿又回来了，手里端着一碗从隔壁家买来的没有汤头的面，她让张天一给她浇上伏牛堂的汤头。她一边吃着，一边激动地说，足足 16 年没有吃到这样的家乡味道了。

为了这个味道，张天一和表弟周全几乎尝遍了常德的米粉。

那时刚过完年，家乡的雪还没化尽，天气阴冷潮湿。兄弟俩走街串巷，想要拜师学艺。常德最大的一家米粉店当时正缺人，他们想混进去。招聘的阿姨瞅了一眼："你们恐怕不是来打工的吧？"

两人改变策略：到店直接开吃，吃完再说明来意。老板们的回应更直接，大多手一挥："走走走，不给不给。"直到一家小有名气的米粉店老板愿意收徒，却开口要 60 万元。哥俩只好每天继续吃着粉。一个多星期后，终于有一家米粉店老板愿意低价收徒。兄弟俩大喜，很快，《伏牛宝典》诞生。

现在，柳啸是伏牛堂的"账房先生"，宋硕负责品牌推广，周全当起了负责产品的"CPO（首席流程官）"，张天一是"堂主"。周全此前从未下过厨，切菜的动作至今还很生硬，手腕上贴着大大的创可贴。"咳，常有的事。"张天一说他们挣的都是真正的"血汗钱"。

伏牛堂火了之后,很多投资人主动打电话找过来,许以"难以想象的天文数字"。张天一却——婉拒。他想得很明白,"取乎其上,得乎其中"。他觉得带着宗教般的虔诚去将一碗牛肉米粉做到极致是"一件非常理想主义的事情",是"上法"。盈利、赚钱是"上法"的副产品,"如果一开始就把目标设定为赚钱,那么结果只能求其中,得其下"。

有了梦想就去做

姜钦峰

中专毕业后，他去了深圳打工。不到半年，凭着个人的勤奋和超强能力，他坐到了管理层位置，每月能挣到 5000 元。那时他才 17 岁，可他并不满足，为了大学梦，他放弃了优越的工作条件，回到家乡准备补习，参加当年的高考。可是没有一所中学愿意收他，因为他没读过高中，所有人都认为他考不上大学，会影响学校的升学率。最后，好不容易有个学校收了他，第一次月考，他就考了全班倒数第二，但他毫不气馁，依然刻苦努力。第二次月考，他升到全班第一，第三次已经是全市第一。一个学期后，他成为当地 15 年来的第一个清华大学生！

大学毕业后，他进了一家报社做财经记者。凭着勤奋好学，仅仅过了 4 个月，他就成为报社最出色的记者之一。那天，他看到一个同事正在埋头苦干，30 多岁了，每天和自己做同样的事，有时工作业绩还不如自己，他忽然想，再过 10 年，我不就成了这样吗？这与他的梦想相差太远，那颗年轻的心又躁动起来。他决心创业，经过几个月的准备，他写出了第一份商业计划书。可是光有创意没有资金，等于纸上谈兵，他又开始主动出击，寻找风险投资商。

那天，听说雅虎创始人杨致远要来，他兴奋得一夜没睡好，心想天赐良机，明天就去堵杨致远，管它成功与否，先堵住了再说。他是记者，很容易就进了会场，却始终找不到机会与杨致远单独交谈。直到散会，看到杨致远进了电梯，他一个箭步冲了进去，不管三七二十一，先按了电梯的关门按扭。杨致远猝不及防，急得大叫："我的同事还没进来呢！"可是门已经关上了。这时，他拿出了商业计划书，杨致远这才恍然大悟，接过计划书看了看，然后给了他一张名片，说："我回头看看再答复你。"他满怀憧憬地回去等待答复，可是左等右等，几个月过去了，始终没有回音。

梦想的大门未能打开，记者还得继续做下去。不久，他参加了一次科博会，记者们都争着向那些海归名流提问，惟独一个人在台上坐冷板凳。那是个民营企业家，当时名气不是很大，没人向他提问，只好一言不发地干坐着，样子颇为尴尬。他觉得应该帮帮人家，于是接连向那个企业家提了几个问题，替他解了围。散会后，企业家心怀感激，主动找他聊天。

他向企业家谈起了自己的创业梦想，企业家看了看他的计划书说："创意不错，就冲你这个人，我给你投 1000 万！"他兴奋不已。可那毕竟不是个小数目，还得经过董事会讨论，几天后的董事会上，企业家请来了大批专家论证。会议结束后，企业家告诉他："我们都认为你这个人不错，但是很遗憾，董事会经过慎重考虑，认为你这个项目风险太大。""我做了充分准备，对这个项目很有信心……"他不甘心看着机会从眼前溜走，试图做最后的努力，可是董事会的决定无法改变。

　　回去的路上，他的手机忽然响了，是企业家打来的："我决定给你 100 万——你这个项目风险确实太大，但是你这个人没有风险！"第二天，他收到了第一笔风险投资，从此他的梦想被插上了翅膀。那个企业家就是远东集团董事长蒋锡培，他的眼光很准，这个年轻人的确没有风险。他叫高燃，两年前创立了 My See 直播网，今年 25 岁，身价已经过亿！

　　在常人眼里，高燃的成功就像一个传奇，但他说："如果我能最终成功，肯定是因为我有一个大胆的梦想，哪怕明知'不可为'，我也会用全部的精力去追求，至少不能给人生留下遗憾。"

　　是的，有了梦想你就去做，可以犯错，但不要让自己后悔。

卖花声·怀古

〔元〕张可久

阿房舞殿翻罗袖，金谷名园起玉楼，隋堤古柳缆龙舟。不堪回首，东风还又，野花开暮春时候。

美人自刎乌江岸，战火曾烧赤壁山，将军空老玉门关。伤心秦汉，生民涂炭，读书人一声长叹。

【译文】

　　秦始皇的阿房宫中，宫女起舞，罗袖翻飞，大富豪石崇的金谷园中，楼台高起，隋炀帝开通济渠，沿河筑堤种柳还系着当年炀帝下江南的龙舟的缆绳，这些往事真是不堪回首啊，又一个春天来到，正是野花盛放的暮春时候啊！

　　虞姬自尽在乌江岸边，战火也曾燃烧在赤壁山，班超投笔从戎却空老在玉门关。伤心啊！秦时明月汉时关！生灵涂炭，只换得读书人一声长叹！

【赏析】

　　这组曲子由两首小令曲组成。这两首怀古的令曲，前一首便与诗词相近，后一首则与诗词相远。两首曲子慨叹秦汉时统治者之间的战争和各民族间的战争，给老百姓造成了深重的灾难，表现了作者同情人民的思想感情。故用"怀古伤今，慨叹民苦"来概括两支曲子的中心思想是最恰当不过的。

　　两首曲子开头都先用三个典故。第一首用秦始皇建阿房宫行乐、石崇筑金谷园行乐、隋炀帝沿运河南巡江都游乐三个典故，这三个典故都是穷奢极欲而不免败亡的典型。但这组典故仅仅道出事情的发端而不说其结局。"不堪回首"四字约略寓慨，遂结以景语："东风还又，野花开暮春时候。"这是诗词中常用的以"兴"终篇的写法，同时，春意阑珊的凄清景象和前三句所写的繁华盛事形成鲜明对照，一热一冷，一兴一衰，一有一无，一乐一哀，尽可兴发无限感慨。这与刘禹锡的七绝《乌衣巷》"朱雀桥边野草花，乌衣巷口夕阳斜。旧时王谢堂前燕，飞入寻常百姓家"有异曲同工之妙。而这首曲子的长短参差，奇偶间出，更近于令词。不过，一开篇就是鼎足对的形式，所列三事不在一时、不在一地且不必关联（但相类属），这是它与向来的"登临"怀古诗词不同之处。

　　相比较而言，第二首更有新意。这首开头也是三个典故，一是霸王别姬，即楚汉相争时，项羽被困垓下，突围前与爱妾虞姬悲歌诀别，虞姬自刎而死，项羽突围至乌江岸也自刎而死；二是曹操被蜀吴联军大败于赤壁；三是班超空老玉门关外。引出英雄美人的故事，寄寓了作者对时事的看法，项羽、曹操、班超这三个秦汉时期的英雄人物，他们的功业英名虽然万古不会磨灭，但他们的功业英名是以"生民涂炭"为代价的，这是一；二是作者没有褒扬三位英雄的业绩，只交待他们的失败与不得志，便说明历史上像这些英雄人物不过是过眼烟云而已。作者面对英雄人物的成败得失而无所感慨，和他悯民生、体民苦的思想有关。当时的封建王朝内部，君昏臣庸，统治者之间你争我夺，为了争夺到权位及天下的目的，他们总是打着"吊民伐罪"、"以有道伐无道"等为民的旗号，以取得老百姓的支持，并借助老百姓的力量去实现他们的欲望，到头来遭受伤害的仍是老百姓，所以作者无不伤心地发出感叹"伤心秦汉，生民涂炭"，此句也意在表达英雄美人虽有壮烈哀艳的故事，但在历史的画卷中最值得同情的是苦难的百姓，最痛心的是天下的百姓，反映了作者最本质的情感。

而后首作品的结尾更是意义深刻且耐人回味，"读书人"可泛指当时有文化的人，也可特指作者本人，他含蓄地要表达这样的含义：其一，用文化人的口吻去感慨历史与现实，寄寓着丰富的感情，有对"风流总被雨打风吹去"，"大江东去，浪淘尽，千古风流人物"的叹惋，有对"兴，百姓苦；亡，百姓苦"的责难，有对"争强争弱，天丧天亡，都一枕梦黄粱"的感伤。其二，用文化人的思想眼光去理解看待历史与现实，能加深作品的思想深度，显得真实准确。最后的"叹"字含义丰富，一是叹国家遭难，二是叹百姓遭殃，三是叹读书人无可奈何。

这两首怀古元曲，无论是抨击社会现实，还是审视历史，都称得上是佳作。历史上民族与民族之争，统治者之间互斗，"朝也干戈，暮也干戈"不知殃及多少无辜百姓，华夏民族的千年史告诉后人：战乱连年，血雨腥风，夜有悲声，毁的不仅仅是国家的文明，更是断送民族的崛起强盛。

我眼中的宫崎骏

〔日〕加藤登纪子

　　宫崎骏是日本知名动画导演、动画师及漫画家。1941 年 1 月 5 日生于东京。宫崎骏在全球动画界具有无可替代的地位，迪斯尼称其为"动画界的黑泽明"，他执导的电影获得许多不同的国际奖项。宫崎骏可以说是日本动画界的一个传奇，没有他，日本的动画事业会大大逊色。他是第一位将动画上升到人文高度的思想者，同时也是日本三代动画家中承前启后的精神支柱。其脍炙人口的主要代表作有《哈尔的移动城堡》《千与千寻》《幽灵公主》《悬崖上的金鱼姬》《天空之城》《红猪》等。

　　某天我去宫崎骏的工作室玩，进屋后，一抬头便看到挂着我送他的一幅字，上书"混蛋！"宫崎骏对我笑道："看了这幅字，我天天生气，都是你惹的。"

　　我写"混蛋！"一词自有理由。在宫崎骏导演的动画电影《红猪》中，我给女主角吉娜配音。电影里有这么一幕，吉娜对男主角、一头"猪"——波哥·罗素大叫"混蛋！"这句台词，我在宫崎骏的要求下，重复了无数遍。"不行。加藤小姐，你要表现得更愤怒点才好。"我重复了好多遍，宫崎骏仍不满意但耐心引我入戏，我第 36 次大喊"混蛋！"后，宫崎骏总算说了句："差不多 OK 了！"宫崎骏就是这样一个全身心沉浸于工作的人，从他对待台词的认真态度即可窥见一斑。

　　宫崎骏的作品都透露出环保意识，但环保概念不是赤裸裸地直接展现，而是通过令人喜闻乐见的方式表现。这才是宫崎骏的本质。

　　宫崎骏说："小孩看电影不会去思考其中的道理，他只看有不有趣，所以给小孩看的电影很难拍。"是否有趣，能否让观众看后感到快乐，这就是宫崎骏信奉的一部好电影的标准。

　　可拿什么来保证电影的趣味性呢？我想那就要看细节了。宫崎骏电影很重视细节，从出场人物的面貌，到影片中出现的建筑物、机器、背景，每一处都做了细致详尽的描绘刻画。

　　我有过类似体会。前几年，我有缘造访了蒙古北部库苏古尔湖畔的一个村子。我走入一个蒙古包，里面光线昏暗，当看到聚集在那里的人们的脸庞，我险些叫出声来："宫崎骏，就是这儿！"《幽灵公主》一片中登场的乡下村庄里长老们的脸如在眼前。日本人的根就在那样的村庄里。在电影开拍之前，宫崎骏深入民间走访，搜集素材，足迹远及蒙古的边远村落。

　　关于宫崎骏电影对细节的重视，再举个读者耳熟能详的例子。在《悬崖上的金鱼公主》里，波妞得到一块三明治后，只吃夹在里面的火腿。家长和小孩看到这幕后，感同身受："啊，波妞也只吃火腿呀！跟我一样。"影片在这个细节的刻画上，不经意间也体现出了"时代"的特征，那是个小孩可以只吃他爱吃东西的时代。通过一个细节就能揭示影片中的时代特征，而不论及好坏，这是宫崎骏动画电影的特长。

　　《红猪》里的主角在银行取钱时，窗口工作人员问他："不买点国债吗？"这段场景取材于二战时意大利墨索里尼政府推行的政策。像这样的细节，对于电影院的观众，几乎是不加思索之间就闪过去了。但这种刻画绝非没有价值，对影片时代背景严谨细致的刻画，撑起了整部电影的品质。我认为这就是宫崎骏的电影哲学。

　　一直以来，因为二战，宫崎骏内心有一种负疚感。宫崎骏的家族在二战期间开了一家"宫崎飞机"军需工厂。二战结束后，工厂不再制造飞机零部件，改为生产锅具。但宫崎骏成年后仍然对飞机着迷，毕竟他家里开过生产飞机零件的军需用品工厂。宫崎骏从小耳濡目染，深受影响。他热爱飞机，但那时候的飞机是战争工具，自己痴迷的东西却是人类罪孽深重的象征。

　　一面怀着负疚感不断质问自己内心，一面却要娱乐世人，就是这样一个内心矛盾的宫崎骏为我们创造了这么多有血有肉的动漫电影。如果用"通过电影来强调人类要与自然共存的导演"这种刻板印象来评价宫崎骏，我觉得会错过他的电影真正的魅力。

天鹅总会展开翅膀

雪小禅

第十四届中国电影金鸡奖闭幕，最佳女主角居然是 84 岁的金雅琴，半月之后的东京国际电影节，她再获殊荣，仍然是最佳女主角。记者采访她，她笑言自己，演了《我们俩》才知道怎么演戏，也许我真正的演员生涯 80 岁以后才开始。

我不禁笑了。老人的这种心态多么美妙啊。周围的人总是说自己老了，学东西太晚了，什么都记不住了，招聘会上，35 岁以上的人基本就是中老年系列了，哪有她的豁达？

金雅琴是位老演员，演了一辈子戏，却没让人记住。84 岁时，她在《我们俩》中扮演一位刁钻古怪的老太太，把房子租给一个年轻的女孩子。她和女孩子由开始的敌视变成祖孙般的亲情，非常感人，让人几次落泪。金雅琴拍这个戏很难，耳朵听不到，眼睛也看不清，什么时候开拍她甚至也不知道，于是她就让导演举一面小红旗，红旗一落下就开始演——片子一点点地拍出来了，老人的敬业精神感动了所有人。

这部戏之后，她才被人熟知欣赏。她也说，自己的演员生涯从 80 岁开始。

我总觉得自己不再年轻，总觉得在单位应该享受更好的待遇，在"80 后"的那帮女孩子们面前倚老卖老，总嚷这儿疼那儿疼，和 84 岁的金雅琴比起来，我还是小孩子啊。连她都认为自己的人生才刚开始，我怎么还敢给自己找各种借口？

去年夏天，我就想报班学芭蕾舞，因为少年时一直特别崇拜那些跳芭蕾舞的女孩子，总想变成其中一只小天鹅。可是我到了学校，看到那期芭蕾舞班的学员，最大的只有 15 岁，我简直是羊群里的一只骆驼，还不让人笑死？买好的鞋和衣服都放到了箱子里。

但现在我想去了。

周日去报名，教芭蕾舞的女孩子问我，"你要学？真是你吗？"

她大概没有见过 30 岁的女人还学什么芭蕾舞，我笑着点点头说："是我，就是我。"这次我没有羞愧没有脸红，我就是要学芭蕾舞。

她们开始的不理解和嘲笑，最后变成了敬佩，我一不为上台演出，二不为名不为利，只为自己心中的那份喜欢，有什么不可以？

十多天之后，当我能站起来似一只小天鹅时，我幸福地笑了。

我愿意开始学自己想学的一切，因为我知道，人生，什么时候开始都不算晚，那双天鹅的翅膀，会为我特意展开……

光和影的游戏

邓 笛

　　这是一个阳光明媚的冬日，我兴致勃勃地往曼奇亚塔楼走去。在塔楼的天井，我注意到一个盲人，他皮肤苍白，头发乌黑，身材瘦长，戴着一副墨镜，给人一种神秘的感觉。他和我一样往塔楼的售票处走去。我心中好奇，放慢脚步，跟在他的身后。

　　我发现售票员像对待常人一样卖给他一张票。待他远离之后，我走到售票台前对售票员说："你没有发现刚才那个人是个盲人？"

　　售票员一脸茫然地看着我。

　　"你不想想盲人登上塔楼会干什么？"我问。

　　他不吱声。

　　"肯定不会看风景，"我说，"会不会想跳楼自杀？"

　　售票员张了一下嘴巴。我希望他做点什么。但是或许他的椅子太舒服了，他只好无表情地说了句："但愿不会如此。"我交给他50块钱，匆匆往楼梯口跑去。我赶上盲人，尾随着他来到塔楼的露台。曼奇亚塔楼高102米，曾经有很多自杀者悬着从这里往下跳，我准备好随时阻止盲人的自杀行为。但盲人一会儿走到这里，一会儿走到那里，根本没有想要自杀的迹象。我终于忍不住了，朝他走过去。"对不起，"我尽可能礼貌地问道，"我很想知道你为什么要到塔楼上来？"

　　"你猜猜看。"他说。

　　"肯定不是看风景。难道是要在这里呼吸冬天的清新空气？"

　　"不。"他说话时显得神采飞扬。

　　"跟我说说吧。"我说。

　　他笑了起来。"当你顺着楼梯快要到达露台时，你或许会注意到——当然，你不是瞎子，你也可能不会注意到——迎面而来的不只是明亮的光线，还有和煦的阳光。即使现在是寒冬腊月——阴冷的楼道忽然变得暖融融起来——但是，露台的阳光也是分层次的。你知道，露台围墙的墙头是波浪状，一起一伏的，站在墙头的后面你可以感觉到它的阴影，而站在墙头缺口处你可以感觉到太阳的光辉。整个城市只有这个地方光和影对比如此分明。我已经不止一次到这里来了。"

　　他跨了一步，"阳光洒在我的身上，"他说，"前面的墙有一个缺口。"他又跨了一步，"我在阴影里，前面是高墙头。"他继续往前跨步，"光，影，光，影……"他大声说，开心得像是一个孩子玩跳房子游戏时从一个方格跳到另一个方格。

　　我被他的快乐深深感染。

　　我们所置身的这个世界如此丰富，美好的东西到处都是，我们有时感觉不到，是因为我们时常视它们为理所当然而不加以重视，这些美好的东西不但包括自然美，也包括许多我们眼前手边随时可得的东西，比如光和影，比如人和人之间的善意、亲情和友爱。

先看反面再看正面

程 刚

任何事物都有正反面，先看反面再看正面，会有意想不到的收获。

他从小生长在一个富裕的家庭，受过良好教育。那一年，父亲得了一场大病，估计自己快不行了，便把他叫到跟前，拿出一张白纸对他说："儿子，你看这上面有什么？"他看了一下，什么也没有，便对父亲说："白纸一张，什么也没有。"父亲笑了，立即把纸转过来让他看背面，上面写着一行字：先看反面再看正面。父亲意味深长地告诉他，无论什么事都有正反面，人们习惯思维总是看正面却不知道看反面，从而错过了许多东西。如果父亲走了，这辈子无论你做什么，你一定要记住这句话：先看反面再看正面。这个小小的教育对他启发很深，以至后来一直在影响着他的人生。

那一年，他开始自己的创业生涯。他想开一家让青少年也买得起的休闲服饰店，采取自助式销售，并选定广岛中心区试运行。因为担心场面冷清，他在店面开业前做足了宣传，电视、广播滚动播出开业信息。结果，他成功了，当天光顾的人特别多。当地电视台想跟踪报道这一情况，员工们听后非常兴奋，建议他先拟一个稿子，好好地夸一下这个店，将来生意肯定会更好。可令他们没想到的是，他在接受采访时却说："非常抱歉，店面很小，现在大家都来的话可能进不了店里，所以请大家来的时候错开时间。"可就是这句看似对销售不利的话语，却让第二天来买衣服的青年人猛增……许多员工想不明白这是怎么一回事，他第一次为员工们灌输他的经营理念："先看反面再看正面。"

这一年，他的公司早已成为国内服装销售领头羊，业绩像井喷一样向上蹿，准备在全国新开设30家分店。他面向全国发起了这样一个活动：谁能讲出公司品牌的毛病，我们将奖赏给他50万。这个决定差点让所有销售人员辞职，这无疑是在给公司抹黑，可没人能劝得了他。批评信如雪片般飞来：洗了两回腋下就破了、洗一次领口就变松了、样式怎么这么难看呢……他亲自带领人员统计这些毛病，整理出50条，凡是批评在这50条之内有涉及的，他真的发给了50万。他将这50条发给全部员工，要求彻底解决这些问题，几个月后，公司业绩不但没有下滑，反而又有了飞跃，公司人员这一回彻底领略了他的先看反面再看正面的理论。

他的事业成功后，认为公司名实在太长消费者不容易记住，因此，他决定将店名缩短为UNICLO。那一年，这个品牌在香港登记，可却被错误地写成了UNIQLO，这可是重大的失误，员工建议法律解决，寻求赔偿。可他看到这个名字后，突然感觉Q这个字母看起来比C更有型，于是决定放弃赔偿，不但不打官司，而且将日本店面全都改名为UNIQLO，并将这件事情公布于众，结果，这一名字迅速在日本蹿红，短时间内家喻户晓。

　　他叫柳井正，日本迅销有限公司（Fast Retailing）主席兼首席执行官，旗下著名品牌"优衣库"（UNIQLO）是日本休闲服装领军企业。他的所有员工都有一个信条："任何事物都有正反面，先看反面再看正面，会有意想不到的收获。"

个性的本钱

清风慕竹

西汉人尹（yǐn）翁归是个很有个性的人，正是这种个性让他脱颖而出，意外地当了官。

有一年，河东太守田延年来到尹翁归的家乡平阳（今山西临汾），想选拔录用一些人才。他命人召集了几十名无职的小吏，让他们聚集在府堂之下，并命功曹传话说："有文采的站东侧，有武才的站西侧。"大家都很听话，掂量一下自己的能耐，自觉地选边站。人群退去，只有一个人原地不动，他伏地请示说："我文武双全，该站在哪边呢？"

不用说，这个有些另类的年轻人就是尹翁归。尹翁归说这番话不是没有道理，他少年时便成了孤儿，与叔父生活在一起，但他很有志气，不仅埋头读书，而且喜欢习武，剑术相当精妙，没人是他的对手。平阳是出了皇后卫子夫的地方，大将军卫青、骠骑将军霍去病及四朝权臣霍光都由此发达。仗着家族的雾气，那些留在家乡的卫霍子弟在街市横行霸道，地方的官吏没人敢管。后来尹翁归受聘担任了管理街市的官吏，那些人都非常害怕他身上那口宝剑，从此没人敢在街上横行不法。

只是在太守面前竟然声称自己文武双全，未免有些自不量力，把传话的功曹差点气乐了，他板起面孔训斥说："你无官无职，胆敢如此桀骜（jié ào）不驯，太放肆了！"功曹正来劲，太守田延年拦住了他，说："这有何妨。"

于是召尹翁归上前来问话，一听他的谈吐，田延年非常惊异，当即补任他为卒史，并带回自己的府中任事。事实证明田延年的眼光没错，尹翁归精通法律，处理案件非常熟练，每一件事都能弄清原委，量刑适当，他判处的案子没人喊冤。田延年愈加看重他，甚至自认为才能远不及他，很快就升任他为督邮。

因为能力强、作风正、考核成绩优良，尹翁归多次被上级提拔，后来被朝廷委派做了东海太守。独立执掌一方，更显现出了尹翁归的水平。东海郡治安混乱，不法者长期得不到治理，尹翁归到任后不动声色，潜心观察，没用多长时间，郡中的官吏百姓是好是坏，是贤良还是不肖，他都知道得一清二楚。郯（tán）县有个大土豪叫做许仲孙，奸邪狡猾，做了许多违法乱纪的事，郡中百姓深受其苦，以前二千石官员都曾想逮捕他，可他每次都依靠权势，通过行贿朝中大臣逃脱制裁。尹翁归查清了他的罪恶，派人将许仲孙抓捕归案，宣判后直接在街市上斩首，全郡为之轰动，那些违法者都震惊慑服，从此再没有人敢触犯法令，东海郡由此大治。

不久，朝廷又派尹翁归为右扶风郡守。右扶风是西汉三辅之一，与京兆尹、左冯翊同管京城附近辖地，这里因为在天子脚下，许多豪门大户都与京中大吏扯得上关系，所以积案多多，很难治理。尹翁归还是沿用东海郡的经验，先做明察暗访，建立人口档案，一旦发案，在档案中寻找线索，顺藤摸瓜。他还给下属做培训，教他们根据踪迹类推的办法，同时选拔了一批"廉平疾奸"的官员，给予他们高职，以礼相待，建立了一支强大的执法队伍。他执起法来也是区别对待，越是无职无权的百姓，越宽和对待，越是豪强，越一丝不苟。他们即使犯了轻罪，也会惩处他们去劳动，到掌畜官那里去铡（zhá）草，并且不许派奴役代劳作。劳动过程中，不许迟到早退，不许消极怠工，遇到不服从者，就鞭笞（chī）侍候，弄得这些人叫苦不迭，不得不谨言慎行，收敛自己的威风。

尹翁归得罪的人不少，一些人也想尽办法想抓住他的错缝，搞臭、搞倒他，可惜他们费尽心机，都没办法做到。原来尹翁归一身正气，在他面前所有的潜规则、老规矩都失效，可谓百毒不侵。曾经，尹翁归任职东海郡太守前，按照惯例去拜访了东海籍廷尉于定国。于定国准备叫尹翁归照顾一下自己的两个亲戚，就先叫他们待在后堂，然而他与尹翁归会谈，直到尹翁归告辞离开，也没敢说出请他照顾亲戚的话，他解释说："我发现他一身正气，凛然难犯，品质高尚，言辞有序，你们的能力太差，在他手下做事配不上，而且，以后也不要找他办事，断然行不通的。我与他谈了一天，听到的全是光明正大的事，毫不涉及私情，我敬畏他。"

尹翁归清廉自守，不收礼，不受贿，"家无余财"，生活贫困，他却安贫乐道，或许正因如此，他一生办过很多案子，惩除许多豪强，砍过许多人的脑袋，但很少遭人诽谤，得到了朝廷上上下下的敬重。

许多人都不乏个性，然而个性并不都以能力作为底气，真正让我们的个性得到张扬和认可的，是正直的品格。倘若失去了品格的保障，不羁的个性就会成为绑缚自己的枷锁。这样的事，在今天同样在不断上演，唯其如此，尹翁归让我们格外觉得可敬、可贵。

双调·小圣乐

〔金〕元好问

绿叶阴浓，遍池亭水阁，偏趁凉多。海榴初绽，朵朵簇红罗。乳燕雏莺弄语，有高柳鸣蝉相和。骤雨过，珍珠乱撒，打遍新荷。

人生百年有几，念良辰美景，休放虚过。穷通前定，何用苦张罗。命友邀宾玩赏，对芳尊浅酌低歌。且酩酊，任他两轮日月，来往如梭。

【译文】

绿叶繁茂一片浓阴，池塘中布满水阁，这里最凉快。石榴花刚开，妖娆艳丽散发扑鼻的香气。老燕携带着小燕，叽叽地说着话，高高的柳枝上有蝉鸣相和。骤雨刹时飞来，像珍珠一般乱洒，打遍池塘里一片片新荷。

人生能有多长时间，想想那良辰美景，好像刚刚做了一场梦一样。命运的好坏是由前生而定的，何必要苦苦操劳呢。邀请宾客朋友玩赏，喝酒唱歌，暂且喝个酩酊大醉，任凭它日月轮转，来往像穿梭。

【赏析】

《唐诗三百首》中，只有两首是专抒夏日好处的，一首是孟浩然《夏日南亭怀辛大》："山光忽西落，池月渐东上。散发乘夕凉，开轩卧闲敞。荷风送香气，竹露滴清响。……"一首是韦应物《郡斋雨中与诸文士燕集》："兵卫森画戟，燕寝凝清香。海上风雨至，逍遥池阁凉。……"不约而同，都突出了"凉"的美感。夏日景物的色彩要比春天浓烈和热闹得多，文人却偏偏不敢去全身心地迎接，先要为自己留一块虚静的凉荫。也许这是因为在夏季的炎燠中，澄怀涤烦是娱目游心的首要前提，有"闲情"才有"逸致"。

本篇前半部分写夏日园亭的自然景色，首先也是强调"凉多"。这是从池塘水阁遍布的一片"绿叶阴浓"来呈现的，屏绝了骄阳和暑气，构筑了理想的适于憩息的清凉世界。作者写的是"阴浓"，却不忘点明"绿叶"。因为随后两句便叙出了"朵朵簇红罗"的石榴花，红绿相映，绘出了园亭夏景的浓烈色彩。这五句的基调是静谧的，于是作者又搜索到了园中的声："老燕携雏弄语，对高柳鸣蝉相和。"燕子呢喃，蝉鸣高柳，表现了万物的安适自得，这不仅没有破坏宁和的氛围，反而更增添了夏景的恬美。在"偏趁凉多"的意境中，去进一步发现和领略夏令的美感，这是诗人高出一筹之处。

最值得称妙的是诗人并不以此为满足，而是在写景的结尾添出一场"骤雨"。雨点似琼珠乱撒，跳跃奔放，"打遍新荷"，历历如闻，这一切都表现出诗人对它的欣赏。这一场骤雨的洗礼推出了一番全新的景象，不同于叠床架屋的泛泛之笔，但它的别开生面，却使前时的种种美感锦上添花。"凉多"是不用说了，从"选色"方面看，它增出了"新荷"，且使前时的池亭水阁、绿树红花在"雨过"后更为明洁、泽润；从"征声"方面说，燕语蝉鸣可能有一时的沉默，而"骤雨打新荷"的琤琮声却不啻是一支更为动听的乐曲，且仍有愈喧愈静、以闹助恬之妙。作者以之作为"良辰美景"的充分体现，并随之接出"休放虚过"的感慨。

　　曲的下片转入抒写感慨的内容，一是人生苦短，二是穷通有命，于是得出了及时行乐的结论。这种感想本属于老生常谈，但我们并不觉陈腐可厌，正是因为它得自即景抒情，而前时的写景已作了成功的铺垫。一来是上片的景语中确实充分集中了夏日的"良辰美景"，值得不计代价地去"玩赏"、"酩酊"；二来是诗人在叙景中洋溢着一派隐逸脱俗的天趣，"何用苦张罗"，便带有蔑视奔竞、看破红尘的高士风味；三来是"骤雨打新荷"这一自然现象的变化与"两轮日月，来往如梭"的人世社会的变化同有可味之处，顺适自然，委运任化，也就有了逻辑上的联系。"人生如梦"四字算得耳熟能详了，但我们读了苏东坡"大江东去"的《念奴娇》，照样觉得震铄耳目。可见一篇成功的文学作品，于自身的艺术美感之外，还往往能激起读者对人生常理的深思与共鸣。

道德的起源

袁 越

不久前，几名襄樊贫困生因为"不知感恩"，被取消了受助资格。某网站做了一次大规模读者调查，结果有大约83％的读者认为应该取消，不少读者评论说：感恩之心是人类共有的一种美德，缺乏"美好道德"的人理应受到惩罚。

道德，可以简单定义为"区分善恶的标准"。善恶的定义在全世界所有的民族中几乎都是相同的，感恩、助人为乐和诚实守信普遍被认为是善举；伤人、杀人和欺骗则被认为是恶行。

如今流行"道德教育"，那么，道德真的来自后天教育吗？实验证明并非如此。3年前，法国认知科学专家伊曼纽·杜普曾经对不会说话的婴儿进行过一项心理学实验，证明婴儿在接受教育之前就已经能对他人的痛苦产生厌恶感。这种能力是人类道德的两块基石之一，人类道德的另一块基石就是公平意识。关于这方面的研究甚至已经涉及灵长类动物。实验证明，就连卷尾猴也不愿接受不公平的交易，而宁愿选择什么也得不到。

欺骗可以看作是违背公平意识的不道德行为。但是，撒谎者通常可以从撒谎中获得利益，所以有人认为上帝的存在可以让撒谎者感到心虚，从而避免做出违背道德的事情。但是，心理学家设计了很多精妙的实验，证明这种说法是不准确的，宗教并没有扮演"道德监督者"的角色。

说"道德是天生的"，就等于说"道德是可以遗传的"。道德是如何遗传下来的呢？贝灵教授认为，自从人类祖先进化到一定程度产生了语言，一个人的名声便会传播得非常远。如果某人非常诚实，善于合作，具有献身精神，这个"好"名声便会让他受到更多人的爱戴，因此也就会有更多的人愿意帮助他。换句话说，道德感强的人在人类的进化史上具有先天优势，好的道德便遗传下来了。

这个说法看似很合理，却缺乏直接证据。道德真的能遗传吗？道德存在于人脑中的哪个部位、对应于哪些基因，这些问题必须借助高科技手段才能回答。美国哈佛大学心理学系教授约舒亚·格林是这类研究的先驱者之一。他设计了一个"扳道难题"，以及一个相对应的"桥梁难题"，让受试者思考。同时，他用核磁共振仪测试受试者的大脑，试图发现解答这两个难题时受试者的大脑哪部分最活跃。

具体说，"扳道难题"是一个偏重理性思考的问题：有一列火车即将行驶到一个岔口，一边的铁轨上躺着5个人，另一边躺着一个人。请问，你会不会扳道，让火车改从一个人的那边通过呢？大多数受试者选择了"会"，因为这样会少死4个人。核磁共振仪显示，此时受试者大脑中负责理性思维的部分最活跃。

"桥梁难题"则是一个偏重感性的问题：同样是一列火车驶来，你只有把你的同伴从桥上推下去，让他的胖身体挡住火车，才能挽救铁轨上躺着的5个人的生命，你会选择怎么做。大部分受试者选择了"不会"，任由火车轧死5个人。受试者做出这个选择的时候，他们大脑中负责反应冲突的前扣带皮层相当活跃，显示出受试者头脑中的某种情感正在和理性发生激烈的冲突，并最终战胜了理智。

格林认为，这种情感就是道德的来源。在"桥梁难题"中，理性的决定（推下胖子）直接违背了人类的道德天性（不能杀人），因此受试者会选择非理性的做法，让道德占了上风。

2007年3月，几名美国科学家对一批脑部发生病变的人进行了类似的道德测试，进一步证明了格林教授的假说。这批病人脑部负责感情的额前正中皮层发生了病变，结果他们都丧失了道德判断能力，在进行"桥梁难题"这类测试时大都倾向于选择理性的做法。

截至目前，科学家一共在人脑中找到了9处与道德有关的区域，显示出道德具有很强的生理学基础。那么，为什么人类要把道德遗传下来？格林认为，人类在进化过程中，有几种行为模式非常符合早期原始人的生存需要，它们一旦被作为"道德"固定下来，不但有助于原始人做出正确选择，而且有助于原始人加快选择的速度。经常有人说，如果全世界所有人都遵循道德的约束，世界将变得更加美好。但格林教授认为，起源于远古时期的道德基因，在那个时代是有优势的，却不一定适用于今天的环境。

风不能把阳光打败

毕淑敏

"但是"这个连词，好似把皮坎肩缀在一起的丝线，多用在一句话的后半截，表示转折。

比方说：你这次的考试成绩不错，但是——强中自有强中手。

比方说：这女孩身材不错，但是——皮肤黑了些。

不知"但是"这个词刚发明的时候，对它前后意思的分量是否相当，也就是说，它只是一个单纯纽带，并不偏谁向谁。后来在长期的使用磨损中，悄悄变了。无论在它之前，堆积了多少褒词，"但是"一出，便像洒了盐酸的污垢，优点就冒着泡沫没了踪影。记住的总是贬意，好似爬上高坡，没来得及喘口匀气，"但是"就不由分说把你推下了谷底。

"但是"成了把人心捆成炸药包的细麻绳，成了马上有冷水泼面的前奏曲。让你把面前的温暖和光明淡忘，只有振起精神，迎击扑面而来的顿挫。

其实，所有的光明都有暗影，"但是"的本意，不过是强调事物立体。可惜日积月累的负面暗示，"但是"这个预报一出，就抹去了喜色，忽略了成绩，轻慢了进步，贬斥了攀升。

一位心理学家主张大家从此废弃"但是"，改用"同时"。

比如我们形容天气的时候，早先说：今天的太阳很好，但是风很大。

今后说：今天的太阳很好，同时风很大。

最初看这两句话的时候，好像没有多大差别。你不要急，轻声地多念几遍，那分量和语气的韵味，就体会出来了。

但是风很大——会把人的注意力凝固在不利的因素上，觉着太阳好不是件值得高兴的事情，风大才是关键。借助了"但是"的威力，风把阳光打败。

同时风很大——它更中性和客观，前言余音袅袅，后语也言之凿凿。不偏不倚，公道而平整。它使我们的心神安定，目光精准，两侧都观察得到，头脑中自有安顿。

一词背后，潜藏着的是如何看待世界和自身的目光。

花和虫子，一并存在。我们的视线降落在哪里？

"但是"，是一副偏光镜，让我们聚焦在虫子，把它的影子放得浓黑硕大。

"同时"，是一个透明的水晶球，均衡地透视整体。既看见虫子，也看见无数摇曳的鲜花。

尝试着用"同时"代替"但是"吧。时间长了，你会发现自己多了勇气，因为情绪得到保养和呵护。你会发现拥有了宽容和慈悲，因为更细致地发现了他人的优异。你能较为敏捷地从地上爬起，因为看到沟坎的同时也看到了远方的灯火……

化解尴尬的"灵丹妙药"

黄州老孙

2014年4月初，著名影视演员蒋雯丽应邀走上《开讲啦》讲坛，与现场300多位大学生分享自己的人生故事。从影之前，蒋雯丽毕业于安徽省水利学校，被分配到自来水厂工作。那时，她整天待在泵站房里，对水添加氯气进行监测，工作清闲稳定，但是，正是在那时她萌生了报考电影学院的念头，并坚持梦想不放弃，最终顺利考入北京电影学院表演系。

站在聚光灯下，蒋雯丽对这段往事记忆犹新，侃侃而谈，引来阵阵掌声。在提问互动环节，几位青年代表分别从不同角度提问，蒋雯丽一一解答。这时，一个青年代表站起来，接过麦克风说："雯丽姐，我要指出您刚才的一个错误！"顿时，全场鸦雀无声。只见，青年代表举起写字板，那上面写着一个"氯"字，旁边还有一个注音"lǜ"，青年代表说："需要纠正您一下，这个字不念'lù'，而是念'lǜ'。"

的确，在整个演讲过程中，蒋雯丽一直是在说"lù"气，而不是"lǜ"气。通常情况下，念白字是挺尴尬的一件事，而当面被人挑出来，则更加难堪。观众的目光唰地一下都投向蒋雯丽，不知道接下去会发生什么。

蒋雯丽始终很沉着。她听完青年代表的纠错后，面带微笑，坦然地承认错误道："哦，谢谢你的提醒！我的确会经常念错字。这个字，我以后不会错了。谢谢你！"一场眼看不可避免的尴尬，就这样被蒋雯丽三言两语轻松化解了，现场气氛马上又活跃起来。

给蒋雯丽纠错，青年代表的勇气着实可嘉。不过，令人印象更为深刻的，是蒋雯丽面对批评时的坦诚和谦虚，"我的确会经常念错字"的直白，让人们看到了光环褪去后一个真实可爱的大姐，而不是矫揉造作自以为是的明星。试想，假如蒋雯丽当时为顾全明星颜面而否认错误，则很可能会造成欲盖弥彰的大错，陷入更大尴尬。事实上，那天，蒋雯丽还念错了一个字，她把泵站的"泵"（bèng）念成了"bàng"，不过，在她的"我的确会经常念错字"的自责下，人们没有继续追究了。

由此可见，坦诚有时的确是化解问题的"灵丹妙药"。

大师的天真

李 娟

　　齐白石早年以卖画为生，为了便于计算，在门上贴着润格："白石画虾，十元一只。"有一位求画者很有意思，给了白石老人三十五元钱，想看看大师如何作画。结果，白石老人画了三只虾，清润透明，栩栩如生，只是，另外的半只虾藏匿在水草中，只留下一条小小的虾尾巴——妙趣横生，令人莞尔。多么聪明又可爱的老人，这幅画也表达了画外有画的意境。原来"小气"的大画家齐白石，有着一颗未泯的天真的童心。想必求画人捧着这幅画，一定忍不住笑了。

　　春日里，最喜欢看白石老人笔下的小鸡，几点淡墨，极简极淡，几只毛茸茸的小鸡便活灵活现地滚了一地。有一幅画中，两只小鸡在争夺一条蚯蚓，相互撕扯着，紧紧咬住都不松口。画上题名《他日相呼》，真是一派天趣！两只小鸡分明是两个孩子，为争夺好吃的东西打得热火朝天，谁也不让着谁，可是，不一会儿，两人又和好了，凑在一起叽叽喳喳说个不停。

　　天真，是艺术创作必需的气质。大师者，皆是怀着一颗天真之心的人，也是用一双孩童般纯净的眼睛看人生、观世界的人。

　　我的枕畔常放着丰子恺的漫画集，静夜里随手翻阅，有孩子、桃花、溪流、小猫、风筝——只觉酣然拙朴，如月光盈盈入怀。他家中几个孩子如同一群小燕子一般，阿宝、软软、瞻瞻——孩子们是他的课本，也是他的老师，更是他作画时美好的素材。孩子的游戏，孩子的想象、快乐、举止、行为、言语，孩子的喜怒哀乐，都在他的笔下完美地保留下了，连同他对世间万物的爱。

　　《花生米不满足》，画上是一个三四岁的男孩，坐在桌前，看着桌上的几颗花生米生气了，皱着眉，噘着嘴，嫌妈妈给得太少了不够吃，心里的不满意、不快乐都表现在眼睛眉毛上，寥寥数笔，将孩子的神情描绘得惟妙惟肖。

　　丰子恺这样写画儿童画的初衷："我向来崇敬儿童生活，尤其是那时，我初尝世味，看见当时社会的虚伪骄矜之状，觉得成人都已是失本性，只有孩子天真烂漫，人格完整，这才是真正的‘人’。"

　　天真是什么？是画家心中对生命的最高审美。

　　天真，也是成年人遗失在岁月中的一颗珍珠，我们已多少年不再拥有了？没有它，我们还看得见美好、善意、晴空、云朵？

　　世间最美的情书，也是天真、清澈如童心。比如，沈从文写给张兆和的情书："我行过许多地方的桥，看过许多次数的云，喝过许多种类的酒，却只爱过一个正当最好年龄的人。"此刻的爱情，绵绵千里如春水流淌，不染尘埃，又如桃花开遍陌上，纯净、无邪、烂漫……

　　在徽州的小村西递看到一块碑，上面刻着：圣人孩之。一位大家，终生保持一颗儿童般对万物敏感、天真、洁净的赤子之心。他们也是将童年与天真携带一生的人。他们不被俗世的浮华淹没，暮年时放下尘劳和喧嚣，回归生命的本源，也将人生活得通透而豁达，作品越发清澈、透明、雅洁。这样的大师如齐白石、林风眠、丰子恺、沈从文——读他们的作品，也能感受他们留给尘世的一片冰心。

读书有悟

杨 蓉

我读书不多，且读得慢。2008 年在巢湖新华书店里买了一本《宋词鉴赏辞典》，至今只读到一半。动辄看到别人年均看书百多本，惊为神人，汗涔涔意惴惴，觉得自己是个谋杀时间的凶手。有时观照身边的朋友，手不释卷，在工作和家务之余，都能做到阅读和书写并驾齐驱疾速前进，返顾自身，实在汗颜之极。

但有人读到了我写的一些小文，却以为我读书面广，量甚多。如若记得确切，去年一整年，我认真读过的也就两本书：张岱的《陶庵梦忆》和胡兰成的《今生今世》。和友人谈论读书，言辞间流露愧悔。她慰藉我，你的消化功能好，善于吸收。怠惰如我，把这戏谑（xuè）之词安在心里，俨然以悟性奇佳之士自居，似乎能读一抵十。甚是可笑。

然而每读书，确有所悟。此前写过一则《读书见笑》，记录的是在读书的过程中，常有"片言苟会心，掩卷忽而笑"的状态。因其有趣，加以记之，后发于报端，让读到的人愈加误以我为"饱学之士"。平心而判，实乃冒牌。

我读书唯有两点，或可值得一鉴：一是完全遵从"不动笔墨不读书"的古训；二是遇到产生感应的书，反复揣摩穷根究源，恨不得钻进书中，化为一体。其实这一点古人也已说过，那就是"好书不厌百回读，熟读深思子自知"。我读过的书一般不外借，几乎本本备受摧残，惨不忍睹。圈点勾画批注随感等，墨迹随处可见，还有一些只有我自己明白的奇怪符号，布于字里行间，面目模糊，别人看了如坠云雾。

周国平在《人与永恒》里有一章论读书，字字珠玑。言曰：读书犹如采金，有的人是沙里淘金，读破万卷，小康而已；有的人是点石成金，随手翻翻，便成巨富。我读到此处，如遇知音，大悦之下抄于笔记本上，吟而诵之，认作是肺腑之言，且生出"金手指"的妄念。

周国平还说，"无论一本著作多么伟大，如果不能引起我的共鸣和抗争，它对于我实际上是不存在的。"他的那些充满智慧的文字，让我的心灵好像接到一道道解锁的密码，产生了感应和共鸣。我阅读他的书，思想上颇受启发。他说：一个人受另一个人的"影响"是什么意思呢？无非是一种自我发现，是自己本已存在但沉睡着的东西被唤醒。是的，阅读是一种寻找和感悟，阅读的过程，就是在不断地和自己相遇。所以能遇到把我们唤醒，产生"共鸣和抗争"的书，是多么令人愉悦和陶醉的事；而这种深刻的影响，常常发生在人年轻的时候。人若年轻时好读书，读好书，于一生都是大有裨益的事。周国平说过，对我们影响最大的书往往是我们年轻时读的某一本书，事实上那是我们的精神初恋。我深为赞同，也为自己"少壮不努力"，没遇到这样刻骨铭心的初恋而遗憾。

开卷有益，但也可能有害，就看它是激发还是压抑了自己的创造力。这也是周国平的高论。他说，我衡量一本书的价值的标准是读了它之后，我自己是否也遏制不住地想写点什么，哪怕我写的东西表面上与它似乎全然无关。这句话让我明确了一点阅读和写作的方向，让我知道哪些作品气味相投，哪些作家会产生感应。阅读是写作的命脉，从他人的文字里掘取源泉激发灵感，是阅读带给写作最实用的价值吧？而我，更注重能超越实用之上的那种发现自我表达自我的境界。不久前读到贾平凹的一本散文随笔集《浑沌》，那几日头脑也处于一片忽悲忽喜的混沌中。后来拿起笔一气写了一篇《想念树》，阅读的酣畅和表达的倾泻合二为一之后，那种混沌状态才得以消解，浑身通泰。

　　莫言曾说，他读到马尔克斯的著作《百年孤独》时，激动得"站起来像只野兽一样在房子里转来转去"，然后把这本书放下，动笔写自己的小说《红高粱》。虽然莫言后来反复强调《红高粱》没有受到《百年孤独》的影响，但肯定是因为阅读受到了启发。一名作家因为阅读而得到启示，继而把手中的书丢掉，开始自己的创作，这种事情不仅发生在作家身上，在每一个普通人身上也时常体现。我每被一本书的魔力所惑，心无旁骛地钻进文字，神思恍惚又人心合一之际，总会控制不住，拿起笔一气呵成在笔记本上挥洒。过后再作整理，虽然句子琐碎凌乱，却也不乏真知灼见。

　　我的朋友说得好，阅读是一种消化和吸收。阅读能给我们营养，让我们茁壮、快乐，就是足以高兴的事情。如此，不追求量而注重质并非谬误，读书不在多，贵在选得精，读得彻底。也许，炼就一双火眼金睛，仍要靠披沙沥金般的广泛阅读进行筛选和提炼，但我认为更重要的是，阅读还要靠生命的阅历和体验，要养成体察和觉悟万物的智慧。浮生有限，书海无涯，能寻到有感应的作家，阅读他们的书，忘怀得失，真不亦乐哉！

双调·水仙子·重观瀑布

〔元〕乔吉

天机织罢月梭闲，石壁高垂雪练寒。冰丝带雨悬霄汉，几千年晒未干。露华凉人怯衣单。似白虹饥涧，玉龙下山，晴雪飞滩。

【译文】

天上的织机停止了工作，一匹雪白的绸绢从危立的石壁上方高垂下来，寒光闪闪。它粗看是一整幅，细细望去，却可以析成一缕缕带雨的冰丝，悬挂在天地之间，几千年也没有晒干。靠近瀑布飞流的石壁，来到清溪汩流的滩头，感到飞沫飘落在身上，如天降甘露，感到寒气逼人而觉得衣服太单薄了。同时，看到阳光照耀下不停息地飞泻而下的瀑布，不禁对永恒的大自然肃然起敬。

【赏析】

乔吉游览乐清（今属浙江），作《水仙子·乐清白鹤寺瀑布》："紫箫声入九华天，翠壁花飞双玉泉。瑶台鹤去人曾见，炼白云丹灶边。问山灵今夕何年？龙须水朱砂腻，虎睛九金汞圆。海上寻仙。"对瀑布本身着笔不多，意犹未尽，于是有了这首续作。这首小令想象丰富，境界开阔，即景抒情，移情于景，奇思妙想，连用一系列的比喻，自远而近从几个不同的角度描述瀑布胜景。

前四句写远眺。起首两句，从意义上说是流水对，即出句与对句连续在一起共同表达一个完整的意思。天上的织机停止了工作，一匹雪白的绸绢从危立的石壁上方高垂下来，寒光闪闪，瀑布的形象既雄壮，又飘逸。"天机"、"月梭"、"石壁高垂"，无不形象恢弘，这就自然而然使人慑服于这条"雪练"的气势，收到了先声夺人的效果。远处瀑布倾流而下，深深地震撼了作者的心灵，使他感到这一奇景是天运神功所造。作者以大胆的想象，把天比作织机，把月比作梭子，把瀑布比作一幅白练，从陡峭的石壁垂下，那白练的缕缕经纬线，湿漉漉的，带着的水汽、丝丝的细雨直从空中飘下，十分形象地描绘了瀑布垂挂悬崖的姿态。

"雪练"不仅气势雄壮，而且构造奇特。原来它粗看是一整幅，细细望去，却可以析成一缕缕带雨的冰丝。元人伊世珍《嫏嬛记》载，南朝沈约曾遇见一名奇异的女子，能将雨丝缫丝织布，称为"冰丝"，乔吉可能也知晓这一民间传说。"冰丝"与"雪练"照应，而"雨"又是"冰丝"的构成原质，从"雪"到"冰"再到"雨"，既有色彩上的由纯白而渐至透明，又有意态上的由静入动。奇景激发了诗人的奇想，于是得到了"几千年晒未干"的奇句。说它奇，一来是因为未经人道，有谁想过瀑布的冰丝还需要"晒"，而事实上确是晒不干的呢！二来是这一句由空间的壮观度入时间的壮观，所谓"思接千载"，从而更增重了瀑布的雄伟感。

这首小令写瀑布能如此鲜明壮观，生动形象，原因之一是运用比喻手法写瀑布之壮观，比喻艺术极为高超。"雪练"、"冰丝"、"带雨"、"露华"是借喻，"白虹"、"玉龙"、

"晴雪"是明喻。多角度、多层面的比喻，既描画出瀑布的动态，也写出它的静态，还写出它的色相。更为难得的是写出它流走飞动的神韵。由于多种比喻效果的产生，虽然曲中不见"瀑布"二字，但瀑布的奇观韵味却极为生动地表现出来。有人称乔吉是曲家之李白，如果从雄奇豪迈的浪漫主义风格看确实相类。

前面的四句以丰富的联想、夸侈的造语，推出了瀑布在天地间的整体形象。后四句写走近瀑布后的感觉。"露华凉"的第五句出现了观察者的主体——"人"。"人怯衣单"应"凉"，而"凉"又遥应前面的"雪练寒"。不过前文的"寒"是因瀑布的气势、色光而产生的心理感觉，而此处的"凉"则更偏重生理感觉。作者正是通过这种微妙的细节，影示了自己向瀑布的步步逼近。

作者自远至近，已经靠近瀑布飞流的石壁，来到清溪汩流的滩头，感到飞沫飘落在身上，如天降甘露，感到寒气逼人而觉得衣服太单薄了。同时，看到阳光照耀下的几千年不停息地飞泻而下的瀑布，不禁对永恒的大自然肃然起敬。作者身临其境，不仅看，而且还进一步去感受，去体验。末尾三句就是在近距离的情形下对瀑布的深入刻画。"白虹饮涧"这句是在瀑流与涧面的交接处仰视瀑身，因其高入半空，故说它好似天上的白虹一头栽进涧中吸水。"玉龙下山"，是指瀑布的近端沿山壁蜿蜒奔流的姿态，将天矫的游龙与瀑流的形象联系在一起。"晴雪飞滩"，则是流瀑在浅水处撞击山石，迸溅水花如雪的奇观。这三句不但动态婉然，而且色彩鲜明，如同特写。既有全景的壮观，又有区段的特写，瀑布的形象，就充实丰满，历历在目了。

全曲想象奇特，造语夸张，比喻新颖，语言流畅，词句诡丽，出奇制胜，瀑布的雄伟壮丽与人的博大精神、坚定意志相得益彰，读之令人心旷神怡，如入其境，亲身感受到那份力的壮美。

新兵上阵

〔美〕格雷戈里·克里斯蒂亚诺

1942 年秋，道格拉斯·麦克阿瑟将军的一支部队开始在新几内亚和日军作战。日军装备精良，飞机、大炮、坦克，应有尽有。而组成美军这支部队的却都是刚入伍还从未参加过战斗的新兵！像第三班班长——中士拉里·塔克这样的职业军人，心里都明白，这是一场实力悬殊的战斗，带着这支队伍打仗只能是锻炼队伍。

第三班在丛林深处遭遇到了日军的先头部队，他们被迫要与日军近距离交战。

黑夜对这些初到战场的新兵来说是最恐怖的时刻，他们只受过很少的训练就被派上了战场。

班长提醒着他的士兵们，不时地警告他们注意不要暴露自己。然后他让一个士兵去准备好重机枪。

"你要一步不停地跑过去，索尼，"中士对他说。"不管发生什么都不要停下来！我们会用火力掩护你！"他拍了拍他后背，"现在——跑！"

索尼跑了没多远，就向前扑倒在地上。中士知道，要是不把索尼救出来，他就会被子弹打成筛子。于是，他转向下士艾伦："艾伦下士，如果我死了，你就带领全班！"

说完，塔克就跑向了索尼，他倒在了重机枪的左侧。趁日本兵正要向索尼开枪扫射之际，中士冲到他们的侧翼，向敌人扔出了一枚手榴弹。两个日本兵被炸死了，可机枪也被炸坏。而正在这时，一名日本军官用手枪紧紧顶住了塔克中士！

班长成了俘虏，艾伦下士掌管了全班人马，一直等到哈兹少尉顺着枪声寻找到了他们。

"失去了拉里·塔克对全班来说是个灾难。现在……保持警惕，日本人有坦克，如果他们向我们冲过来，那就用火箭筒！"哈兹少尉转向艾伦。"谁是你们的火箭手？"

"弗洛伊德，长官，"艾伦回答，"但我们至今还一直没用过火箭筒。"

少尉说："我们的战地医院和弹药库就在身后！要是让日本人的坦克开过去，那可就糟了！无论如何也要挡住他们。"

"是的，长官！"艾伦结结巴巴地回答。少尉离开了他们，去和 B 连进行联络。过了一会儿，他们听到日本人的坦克轰轰隆隆地穿过丛林，向他们这边开了过来，更近一些后，还能听到哗啦哗啦的声音……

"听着，"弗洛伊德扛着上了膛的火箭筒说，"我可一次也没打过坦克。"

"别忘了，我们的战地医院和弹药库……瞄准了打。"汤姆喊着。

敌人的主坦克嘎吱嘎吱地碾过地上的树枝，赫然出现在了一等兵弗洛伊德前方不远处。

"开火，弗洛伊德！"艾伦命令道。

"我——不能！"弗洛伊德叫道。

借着皎洁的月光，他们看到塔克中士上身赤裸，手脚伸开，被铁链锁在敌人主坦克的前端!

"开火,弗洛伊德! 这是命令!"塔克中士大喊着。

"但——但您也会一起被炸死的!"

弗洛伊德瞄好准星开了火。他的火箭弹呼啸着从坦克炮塔露出的指挥官的头上飞了过去,指挥官吓得缩进了坦克。弗洛伊德立刻放下火箭筒,冲向了隆隆向前的坦克。他从坦克的一侧跳了上去,在敌人指挥官关好顶盖之前的一瞬,向炮塔里扔进了一枚手榴弹。"轰"的一声,坦克里的敌人全部报销,这个庞然大物停止了前进。

班上的士兵冲过去给塔克中士解开了锁链。

中士赞扬着弗洛伊德,"你真棒! 这是个绝妙的战术手段,在近处佯装射击,乘机扔进手榴弹干掉敌人。我还以为你会直接对着坦克开火!"

"噢,长官! 我确实是对着坦克开的火!"弗洛伊德说, "我不能违抗命令,您说是吧?"

弗洛伊德龇牙笑着,塔克中士脸上的冷汗顺着下巴流了下来!

在刀刃上跳舞

小 闻

美国俄亥俄州一家制药公司最近开发了一种治疗十二指肠球部溃疡的药物，经过一段时间的临床试验，效果不错。经过州食品药品局审核批准，可以推向市场。

该公司选择了州电视三台这一覆盖面最大的媒体来广而告知。

菲德勒尔是俄州颇有知名度的影视演员，人也长得帅气。于是该公司通过菲德勒尔的经纪人，请这位偶像派演员做该药品的代言人，制作了一则 75 秒钟的电视广告，希望通过菲德勒尔的帅气形象和极具磁性的声音尽快打响该药品的知名度。该公司支付给菲德勒尔代言酬金 150 万美元。

这一唾手可得的酬金相当于菲德勒尔拍摄影视剧 3 个月的报酬总数。不过，菲德勒尔身体很棒，根本没有患过十二指肠球部溃疡。但为了这不菲的酬金，菲德勒尔爽快地和该制药公司签订了电视广告合同。

一个星期后，该电视广告在州电视三台黄金时段播出：菲德勒尔手持一盒药，先是皱着眉头称，自从 3 年前患上十二指肠球部溃疡，服用了很多相关药物，都不见效果。说到这儿，菲德勒尔马上转忧为喜道：自从服用了这种药后，十二指肠球部溃疡渐渐治愈了。这时又响起画外音：请相信菲德勒尔先生，菲德勒尔先生的推荐是没有错的。

这则电视广告播出后，州内外数以万计的十二指肠球部溃疡患者，纷纷到附近的医药连锁店购买这种药品，使得该制药公司销售部要求批购进货的电话此起彼伏，响个不停。

然而事情的发展并没有想象中那样乐观，麻烦随之而来。一位曾和菲德勒尔同居过 5 年多的女友打电话给州食品药品局，称菲德勒尔在电视上撒谎，因为他从未患过十二指肠球部溃疡。

于是，州食品药品局和警察署"请"菲德勒尔到该制药公司销售部"说清楚"。菲德勒尔面对调查人员咄咄逼人的眼光，不得不承认"自己犯了一个难以饶恕的不诚信错误"。随后在电视上向观众致歉，并请求谅解。好在该药品治疗十二指肠球部溃疡的确有效，患者没有向菲德勒尔兴师问罪。

菲德勒尔将 150 万美元的代言电视广告酬金上交给警察署，另被罚款 5 万美元，3 年内被取消参与拍摄任何媒体广告的资格，档案里留下了不光彩的一页。与此同时，该制药公司也被罚款 180 万美元，该药品电视广告被封杀，理由是"让不是感同身受的人代言，会误导真正的患者"。

别把脸皮厚不当基本功

孙建勇

刚入电影圈时，他脸皮特厚。那天，在拍一个富有喜感的片段时，导演要求他表演得尽量夸张，滑稽搞笑。他按照要求去做，拍了一条就通过了。然而，闲下来后，他越琢磨越觉得不对劲儿。

于是，他找到导演，说："我觉得我那段表演不妥，能不能重拍啊？"导演瞪大眼睛望着他，半天蹦出一句："怎么不妥？"他认真地说："那不是喜剧，而是闹剧。"导演白了他一眼，冷冷地说："哪有那么多事？剧本怎么写，你就怎么演。"说完，导演转身走了。在导演面前碰了壁，他并没消停，又去找编剧。结果，编剧不耐烦地说："你能分清楚喜剧和闹剧吗？导演都没说什么，你起什么哄啊？"

虽然碰了一鼻子灰，但他对自己的想法深信不疑。到了晚上，他仍然不能释怀，他想，既然跟他们当面沟通不了，干脆书面交流吧。于是，他把自己的想法写在一张纸条上，塞进导演所住房间的门缝里。第二天一早，导演找到他，说："你小子还行，居然真能把喜剧和闹剧分清，就冲这一点，我依你，重拍那段戏。"听导演这样说，他兴奋得连声道谢。

原来，他写在纸条上的一句话打动了导演。他写道："闹剧和喜剧其实只有一线之隔，最大的区别就是，闹剧里没有认真，也就没有了意义，而喜剧是一个人特别认真地去做在别人看来特别傻的事。"事实证明，他是对的。电影上映后，他所饰演的角色给观众留下了深刻印象。几年后，他成了中国最炙手可热的喜剧明星。他，就是黄渤。

从某种意义上讲，黄渤的成功应该得益于他"脸皮厚"，试想。如果不是"脸皮厚"，那么在人家冷脸相对之下，他也许早就偃旗息鼓了，根本不会有塞纸条之举。黄渤的"脸皮厚"并非不要自尊，而是因为他懂得追求艺术的真谛远比浅薄的自尊更加重要。这种"脸皮厚"，其实是一种理性的执着。由此看来，有时候"脸皮厚"是人生中很重要的一项基本功。

生命在于创造

〔印度〕克里希那穆提

刚刚散步的时候，不知道你们有没有注意到河边有一个狭窄的池塘。河流又宽又深，水流很平缓。池塘却满是泥泞，是因为没有和河流的生命融通起来的缘故，也没有鱼，那是一池死水。然而那深深的河流，却充满了生命和元气，自在地流淌。

你们觉不觉得人类就是这样：人类在生命急流之外，自己挖了一个小池子，停滞在里面，死在里面，然而这种停滞，这种腐败，我们却说是生存。换句话说，我们想要一种永久，我们希望自己欲望不停，希望快乐永不停止。我们挖一个小洞，把自己的家人、野心、文化、恐惧、神、种种崇拜塞进去，我们死在里面，让生命逝去。而那生命原是无常的、变化的，很快、很深，充满了生命力和美。

不知道你们有没有发现，只要坐在河岸边，就会听到河流歌唱，听到水的潺潺声。但如果是小池子，就完全不动，小池子里的水是停滞的。你只要仔细观察，就会发现我们大部分人想要的，其实就是远离生命停滞的小池子。我们说我们这种小池子的生存状态是对的。我们发明了一种哲学来为它辩解，我们发明社会的、政治的、经济的、宗教的理论来支持它。我们不想受到打搅，因为——你看——我们追求的就是一种永久。

追求永久是什么意思，你们知道吗？意思是要快乐的事一直延长，要不快乐的事尽快结束。我们希望人人知道我们的名字，通过家族、通过财产一直传下去。我们希望自己的关系永久、活动永久。这表示我们身处这个停滞的小池子，却追求永远的生命。我们不希望其中有什么改变，所以我们建立一种社会来保证我们永远不会失去财产、名声、家庭。

但是你们知道，生命完全不是这么一回事，生命很短暂，所有的东西都像落叶一般，没有永久的，永远都有变化，永远都有死亡。你们有没有注意过矗立在天空中的树木，那有多美。所有的枝丫都张开，那种凋零里面有诗、有歌，叶子全部落光，等待着来年的春天。来年春天一到，它又长满了树叶，又有音乐了。然后到了一定的季节，又全部掉光。生命就是这个样子。

事实是，生命就像河流，不停地在动，永远在追寻、探索、推进，溢过河堤，钻进每一条缝。但是你们知道，我们的心不容许这种事情发生，我们认为这种不安的状态对生命很危险，所以就在自己身边建了一堵墙：家庭、名声、财产，还有我们培养的那些小德小性，所有这一切都在墙内，都远离生命。生命是动的、无常的，不停地想渗透、穿透这一堵墙，因为墙里面有的只是混乱、痛苦。

心如果追求"永远"，很快就会停滞下来。这样的心就像河边那个小池子一样，很快就会充满腐臭的东西。心中没有围墙，没有立足点，没有障碍，没有休止符，完全随着生命在动，无时无刻不在推进、探索、爆发，只有这样，心才会快乐，历久弥新，因为这样的心一直在创造。

　　我说的你们都懂吗？你们应该懂，因为，这一切属于真正的教育。你懂，你的生命就完全转变了。你和世界的关系，你和邻居的关系，你和太太或先生的关系已经产生全新的意义。这样你就不会假借什么东西来满足自己，从而明白强求满足只会招来悲伤、痛苦。就是因为这样，所以你们必须去问你们的老师，然后互相讨论。你们懂了，你们就开始了解生命的非凡真相。了解当中有爱、有美，有善的花朵。但是，心如果追求安全的小池子、"永远"的小池子，只会造成黑暗、腐败。我们的心一旦坠入这个小池子，就不敢再爬出来追寻、探索。然而，真理、上帝、真相是在小池子之外的。

英国人为什么"小题大做"

张军霞

2013 年 1 月 16 日，曾经在英国留学的董女士，匆匆背起行囊来到机场，准备从中国启程赶往英国。就在大洋彼岸，英国莱斯特皇家法院有一场特殊的庭审，正等待她跨国出庭，以便指认犯罪嫌疑人，这件事情的来龙去脉还要从头说起。

原来，早在几年前，董女士准备出国留学，经过慎重考虑，她选择了拥有不俗的国际声誉，在世界大学综合排名稳居前列的英国拉夫堡大学。经过申请，董女士最终如愿以偿，来到充满魅力而风景如画的拉夫堡城，度过了愉快的研究生岁月。

去年 6 月份的一天，董女士和同伴外出散步，回到宿舍里，却发现自己购买不久的 iPhone4 手机不见了。这可是自己勤工俭学，好不容易赚钱买来的，她心急如焚，四处寻找，却一无所获。

正当无比懊恼之余，同伴提醒她，应该赶快报警。董女士在国内也曾丢过手机，却从来没有报过警，为一部小小的手机惊动警察，不知要耗费多少时间和精力，似乎有些不值。同伴却非常认真地告诉她："最好还是报警吧，不仅仅为了找回手机，也会让小偷的侥幸心理无法得逞，或许可以避免更严重的犯罪……"

看到这位英国同学如此认真，董女士抱着试试看的态度报了警，让她没想到的是，仅仅 10 分钟之后，就来了两位英国警察，他们仔细勘查现场，不放过每一个可疑之处，查看购买手机的发票，核实它的型号和价格，并录下口供。

不久，董女士接到警方电话，说她丢失的手机，已经在另一个城市谢菲尔德的二手市场找到，并且抓住了犯罪嫌疑人。警察告诉她，按照相关法律程序，这部手机没有办法立刻归还，只有在盗窃案审判之后才能还给她，还说将来庭审时很可能需要她出庭指认犯罪嫌疑人。

9 月份，董女士的研究生学业已经结束，收拾行囊准备回国，就在她准备启程时，警方再次打来电话，为方便继续联系，他们要求她留下邮箱地址。

转眼间，时间又过了大半年，董女士早已参加工作，看到身边喜欢追求时尚的年轻同事，热衷于购买 iPhone 手机，她偶然会想起自己在英国的经历，心里不免有几分惆怅。有一天，她打开邮箱，却发现里面赫然躺着来自英国警方的一封电子邮件。他们说，手机盗窃案将于 2013 年 1 月 16 日在莱斯特皇家法院开庭，希望她届时能够出庭，至于此行所需要的费用，将由警方负责解决。

于是，董女士才有了这一次特殊的旅程。出发前，她早就算过一笔账，此次去英国，来回的飞机票和食宿费，至少需要花费人民币 10000 元左右，而她丢失的手机折合人民币约 3000 元。

一位从事法律事务工作的英国同学安娜，早已在机场等待，董女士刚刚走下飞机，就忍不住又将这笔账对老朋友算了一遍，表示无法理解警方的小题大做。安娜严肃地说："在我们英国，被盗物品价值多少，并不是警方处理案件的重点。维护司法公正，让以外国人为犯罪目标的犯罪分子最终被绳之以法，这才是最最重要的。按照相关规定，不管案件的受害者和目击者是否住在英国，都要被传唤出庭或通过录像出庭来协助案件侦破，像你这种情况，费用自然会警方来报销，这没什么奇怪的。"

在很多人眼里，为了一部手机，这样一次跨国之旅有些不值，不由怀疑英国人是否过于"死心眼"。其实，英国警方这样做，是出于对法律的尊重，在他们的天平上，维护司法公正的价值是不能用金钱来衡量的。

出居庸关

〔唐〕朱彝（yí）尊

居庸关上子规啼，饮马流泉落日低。
雨雪自飞千嶂外，榆林只隔数峰西。

【译文】

　　居庸关上，杜鹃啼鸣，驱马更行，峰回路转，在暮霭四起中，忽遇一带山泉，从峰崖高处曲折来泻，顿令诗人惊喜不已：在这塞外的山岭间，竟也有南国般清冽的泉流，正可放马一饮，聊解
旅途之渴。站在潺潺的山泉畔，遥看苍茫的远天，又见一轮红日，正沉向低低的地平线。那犹未敛尽的余霞，映照远远近近的山影，辉映得明荧如火。

　　此刻，峰影如燃的西天，还沐浴在一派庄严肃穆的落日余霞中。回看北天，却又灰云蒙蒙。透过如林插空的千百峰嶂，隐约可见有一片雨雪，纷扬在遥远的天底下，将起伏的山峦，织成茫茫一片。意兴盎然地转身西望，不禁又惊喜而呼：那在内蒙古准格尔旗一带的"榆林"古塞，竟远非人们所想象的那般遥远！从居庸塞望去，它不正"只隔"在云海茫茫中耸峙的"数峰"之西么？

【赏析】

　　从山青水绿的南国，来游落日苍茫的北塞，淡淡的乡思交汇着放眼关山的无限惊奇，化成了这首"清丽高秀"的写景小诗。

　　朱彝尊早年无意仕进，以布衣之身载书"客游"，"南逾岭，北出云朔，东泛沧海，登之襄，经瓯越"，为采访山川古迹、搜剔残碣遗文，踏过了大半个中国（见《清史稿文苑传》）。现在，他独立于北国秋冬的朔风中，倾听着凄凄而啼的子规（杜鹃）之鸣，究竟在浮想些什么？是震讶于这"古塞之一"的居庸关之险峻——它高踞于军都山间，两峰夹峙，望中尽为悬崖峭壁，不愧是扼卫京师的北国雄塞？还是思念起了远在天外的故乡嘉兴，那鸳鸯湖（南湖）上风情动人的船女棹歌，或摇曳在秋光下的明艳照人的满湖莲荷？于是这向风而啼的"子规"，听来也分外有情了：它也似在催促着异乡游子，快快"归"去么？

　　起句看似平平叙来，并未对诗人置身的关塞之景作具体描摹。但对于熟悉此间形势的读者来说，"居庸关"三字的跳出，正有一种雄关涌腾的突兀之感。再借助于几声杜鹃啼鸣，便觉有一缕辽远的乡愁，浮升在诗人的高岭独伫之中。驱马更行，峰回路转，在暮霭四起中，忽遇一带山泉，从峰崖高处曲折来泻，顿令诗人惊喜不已：在这塞外的山岭间，竟也有南国般清冽的泉流，正可放马一饮，聊解旅途之渴。站在潺潺的山泉畔，遥看苍茫的远天，又见一轮红日，正沉向低低的地平线。那犹未敛尽的余霞，将远远近近的山影，辉映得明荧如火——这便是"饮马流泉落日低"句所展现的塞上奇景。清澈、明净的泉流，令你忘却身在塞北；那潺潺而奏的泉韵，简直如江南的丝竹之音惹人梦思。但"坐骑"咳咳的嘶鸣，又立即提醒你这是在北疆。因为身在山坂高处，那黄昏"落日"，也见

得又圆又"低"，如此高远清奇的苍莽之景，就决非能在烟雨霏霏的江南，所可领略得到的了。

不过最令诗人惊异的，还是塞外气象的寥廓和峻美。此刻，峰影如燃的西天，还沐浴在一派庄严肃穆的落日余霞中。透过千百峰嶂，隐约可见有一片雨雪，纷扬在遥远的天底下，将起伏的山峦，织成茫茫一片！"雨雪自飞千嶂外"句，即展现了那与"饮马流泉落日低"所迥然不同的又一奇境——剪影般的"千嶂"近景后，添染上一笔清莹洁白的"雨雪"作背景，更着以一"飞"字，便画出了一个多么寥廓竣奇而不失轻灵流动之美的世界！

诗人久久地凝视着这雨雪交飞的千嶂奇景，那一缕淡淡的乡愁，早就如云烟一般飘散殆尽。此次出塞，还有许多故址、遗迹需要考察，下一程的终点，该是驰名古今的"榆林塞"了吧？诗人意兴盎然地转身西望，不禁又惊喜而呼：那在内蒙古准格尔旗一带的"榆林"古塞，竟远非人们所想象的那般遥远！从居庸塞望去，它不正"只隔"在云海茫茫中耸峙的"数峰"之西么？诗之结句把七百里外的榆林，说得仿佛近在咫尺、触手可及，岂不太过夸张？不，它恰正是人们在登高望远中所常有的奇妙直觉。于是清美、辽阔的北国，便带着它独异的"落日"流泉、千嶂"雨雪"和云海茫茫中指手可及的榆林古塞，苍苍莽莽地尽收于你眼底了。

水果都是数学家

南　木

当你在吃菠萝的时候，有没有注意过菠萝的外壳？你可能不知道。这些呈螺旋形的厚厚盔甲竟然与一个神奇的数列有关。不仅菠萝，很多吃的东西都和这个数列有关，比如葵花籽、松子等。吃货们可能不知道，你吃的不仅仅是食物，还是一连串高深莫测的数列。

植物的花瓣、种子遵循一个古老的数列

有科学家发现。很多植物的花瓣、叶子、花蕊的数目都与一个数列有关。像梅花是 5 片花瓣，李树也是 5 片花瓣，鸢尾花、百合花（看上去是 6 片，实际上是两套 3 片）是 3 片花瓣，许多翠雀属植物的花瓣是 8 片，万寿菊的花瓣有 13 片，紫菀属植物的花有 21 瓣，大多数雏菊有 34、55、89 片花瓣。这些数字的花瓣在植物界很常见，而其他数字的就相对很少。这些数字如果排列起来，就是 3，5，8，13，21，34，55，89……

从中你发现了什么规律吗？那就是这些数字的前两个之和等于第三个，这就是斐波那契数列。

其实不仅花瓣遵循这个规律，很多植物的种子也都呈现这个数列。比如苹果种子是 5 颗，向日葵的花瓣数一般是 21 片，而如果你再仔细往被花瓣包围的花盘看，里面还有很多小花——最终会变成葵花籽。这些小花的排列呈现两组相向排列的螺旋形线条，一组是顺时针旋转，一组是逆时针旋转。而如果你再仔细数数这些螺线，你会发现，顺时针的螺线有 34 条，逆时针的螺线有 55 条。而根据不同的向日葵品种，你可能还会得到 55 和 89、89 和 144 等数据。

而这些数据，也都遵循斐波那契数列。除了向日葵，菠萝外表的"方块盔甲"和松果的外表也都遵循这一规律，它们的螺线大多数是 8（顺时针）和 13（逆时针）。

斐波那契数列的身世

斐波那契数列是中世纪的意大利数学家斐波那契提出的，最初的问题是：假设兔子的生殖规律是每一对兔子出生两个月后就具有生殖能力，每对成年兔子每个月可以生一对兔子，那么由一对兔子开始，一年后可以繁殖成多少对兔子？由此他得出一个数列：1，1，2，3，5，8，13，21，34……，这就是著名的斐波那契数列。

植物是从种子和嫩芽生长起来的。如果用显微镜观察，叶子、萼片、花瓣、小花等的顶端，其中央有一个圆形的组织叫"尖点"，而在尖点的周围，有一个接一个的微小隆起，这些隆起称为"原基"。最后，这些隆起的原基就长成叶子、花瓣、萼片等。每个原基都希望它所生长的花、蕊或叶片以后能够获得最大的生长空间。例如叶片希望得到充足的阳光。根部则希望得到充足的水分，花瓣或花蕊则希望能有充分的空间展示自己以吸引昆虫

来传粉。因此，原基与原基之间就需要隔开一定空间以保证将来长出的叶片或花瓣能有效生长。但因为不断有新的原基产生。原来的原基就会被不断往外挤，那么怎么排列才能使得将来的叶片和花瓣都能有效伸展自己呢？

科学家发现一条规律，就是当两个相继（先后）出现的原基以137.5°的发散角生长时，将来它们的后代就会充分吸收阳光和雨露。137.5°在数学上被称为黄金角。所谓黄金角，即一个圆被分成的两个圆弧的长度比例正好是黄金比例，那么较小圆弧所对应的角就叫黄金角。黄金比例约等于0.618，在生活中常常被提到，特别是美学和建筑学。

仔细观察一下，斐波那契数列中，前后两个数的比也是接近黄金比例的，而且数字越大其比例越接近黄金比例，因为这层关系，所以以黄金角生长的植物就出现了斐波那契数列。

也谈人生的意义

茅于轼

再过两年我就八十岁了，人生的旅途快走到尽头了。这几年我经常在想的一个问题是人生的意义何在？一个人来到这个世界几十年，到底是为了什么？想了几十年，答案慢慢地浮现，越来越清楚了。我很后悔，到老才认真地想这个问题。年轻时浑浑噩噩，稀里糊涂。如果我早几年想，早几年找到答案，我的人生会少犯许多错误，自己也会过得更顺利些。

这也难怪，人生意义，或者人生目的的大问题不是没人研究，恰恰是因为研究的人太多，各说各的，莫衷一是，搞得大家稀里糊涂，索性不闻不问，过一天算一天拉倒。我不是说人家的研究不对，没有价值，而是太抽象，太高大，过于理论化，没法付诸实践。我们需要一个简单明了的答案，这个答案要能够清楚地指导日常的所作所为。

现在我把这个思考了好几年的答案告诉大家，和大家分享。答案很简单，复杂了就没用了。这个答案就是："享受人生，并且帮助别人享受人生。"

需要稍微说明一点，什么是享受人生？我的意思是：人生一世所得到的快乐总量极大化。它不是某时某刻的享受极大化，而是一生一世的快乐总量极大化。这儿所说的享受不光是物质的，更包括精神的，包括主观的满足感。它不是今朝有酒今朝醉，只顾现在，不顾将来。人们要追求健康长寿，因为长寿的人活得长，当然得到的快乐可能更多。要远离有害的环境和物质，这些事务会减少你的快乐。行动要考虑后果，不要贪图一时痛快，遗患无穷。

要帮助别人享受人生。为什么？人生一世顺利不顺利往往不仅仅取决于自己。如果别人处处跟你捣乱，你就过得很不顺利。别人希望日子过得快乐一点，大家就应该帮助他实现这个愿望。所谓"君子成人之美"，这是孔夫子留下的格言。如果大家都懂得帮助别人快乐，我们就有了一个创造快乐的环境，大家都比较容易实现快乐总量极大化的目标。所以帮助别人享受既是为了别人，其实也是为了自己，这一点儿也不矛盾。

用这一信条处理周围的事情，会使自己的日子过得高兴。凡是碰到难于决策的事情，想一想怎么能使自己快乐，也使别人快乐，答案就有了。有了这样的信条，养成习惯，用来对待父母子女，妻子朋友，同事或领导，并且用它来处理自己在公务上的问题，你就不会犯愚蠢的错误，就会远离烦恼，周围的人都会喜欢你。

懂得享受人生，并且帮助别人享受人生！这是我发现的至理名言。

错误展示柜

李明胜

"李比希实验室"，一个令全世界化学化工工作者注目和向往的地方，每年参观访问者络绎不绝。但令大家感到困惑的是，在实验室大厅的中央始终矗立着一个高大的柜子，柜子里摆放着一个盛着棕红色液体的瓶子，在柜门上贴着李比希亲笔题写的标签："错误之柜"。这是为什么呢？

1828年，法国一所大学的化学教授法尔卡来到实验室，看到"错误之柜"后，就饶有兴趣地向李比希请教了这个问题："您是著名的化学家和化学教育家，您为什么要在这里设立'错误之柜'，它的意义又是什么呢？"

"'错误之柜'，顾名思义就是装着错误的柜子，我设立'错误之柜'的目的就是要展示错误，展示我自己的错误！"李比希不假思索地回答。

"向来只有展示成果和功劳的，人们对于错误特别是自己的错误大都采取回避的态度，哪有主动展示的？"法尔卡十分不解。

看法尔卡一头雾水，李比希说："1822年，也就是在溴元素被发现的四年前，我曾试着把海藻烧成灰，用热水浸泡，再往里面通氯气。结果发现，在残渣底部沉淀着一种棕红色的液体。反复做了几次实验，都得到同样的结果，我就草率地判断是氯化碘。于是在瓶子上贴了一张标签，上面写着'氯化碘'，然后就把这瓶液体放在柜子里。1826年8月14日，法国化学家波拉德宣布他发现了元素性质介于氯和碘之间的新元素溴，这一发现震惊了化学界。我顿时想起四年前放到柜子里的那瓶'氯化碘'，赶紧找出了那瓶棕色液体，认真地进行了化学分析，分析结果使我激动又痛心。原来，那瓶棕色液体的成分正是波拉德发现的新元素溴。我恨自己粗心大意，恨自己进行了大半辈子的化学研究，却缺乏严谨的科学态度。为了警戒自己，我特意把那瓶棕色液体放在原来的柜子里，并把柜子搬到大厅中央，在上面贴上一张工整的字条：'错误之柜'。而且，还把瓶子上的标签揭了下来，用镜框装上，挂在床头，我不但给自己看，还展示给学生和朋友们看。"

爱因斯坦说："一个人在科学探索的道路上，走过弯路，犯过错误，并不是坏事，更不是什么耻辱，要在实践中勇于承认和改正错误。"李比希用"错误之柜"告诫自己，教育学生，警示后人，最终成为化学史上的一代大师。

别人不走的地方才是路

清风慕竹

赵永是江苏省新沂市窑湾镇赫赫有名的黑鱼养殖大户，他本来在村卫生服务站当村医，捧着令人羡慕的"铁饭碗"。然而，2005 年的一天，闲来无事的赵永到一个同学家串门，却看到一件令他很惊讶的事，从而彻底改变了他的人生走向。

那个同学有一亩多鱼塘，养了 5000 条黑鱼，当时黑鱼的价格高达 11 元钱一斤，一个周期 4 个多月就收入 2 万多元钱。赵永一听就来了兴趣，他家门前也有一个三分地左右的池塘，他也想试一下。在同学的帮助下，赵永也养起了黑鱼。结果 3 分大小的池塘，只花了 4 个多月时间，就赚了一万多块钱，比自己一年的工资还要多。赵永干脆停薪留职，承包了村里的 8 亩池塘，专门养起了黑鱼。那一年赵永净赚了七八万元钱，兴奋之余，他又承包了第二个鱼塘，第三个鱼塘，第四个鱼塘。

看到养黑鱼挣钱，当地养黑鱼的由十几家猛增到 400 多家，养殖面积也由原来的 100 多亩，增加到 2000 多亩。这养鱼的人多了，一个严重的问题随之出现了。黑鱼是肉食性鱼类，喂养黑鱼的饲料主要来源于附近骆马湖出产的小杂鱼。黑鱼吃食量比较大，100 斤的黑鱼一顿得吃到 7 斤小鱼。黑鱼越养越多，湖里的小杂鱼自然就越捕捞越少，为了保持骆马湖的生态平衡，当地湖区管理部门开始实行禁渔，这也就意味着许多养殖户的黑鱼面临着断炊。

没有了食料这鱼还怎么养，养殖户纷纷打起了退堂鼓。就在大家都放弃养殖黑鱼时，赵永却做了一个出人意料的举动：人弃我取，他又承包了村里的 20 多亩鱼塘，将黑鱼养殖面积扩大到 30 多亩。人们议论纷纷，这个赵永准是想钱想疯了，这不是睁着眼往火炕里跳吗？

其实小杂鱼断供受影响最大的就是赵永，仅他一家每年就需要 30 吨，加上其他的养殖户，一年的需求高达 200 吨，赵永敏锐地意识到，这本身就是一个巨大的市场啊。所以在人们都为饲料鱼匮乏一筹莫展的时候，赵永却开车上路了。多方考察后，他在 200 多公里外的海滨城市日照，找到了饲喂黑鱼的替代饵料——海鲜饲料鱼，这种产自大海的小杂鱼既新鲜，适口性又好，是黑鱼上好的饲料。

看到了匮乏背后的商机之后，赵永果断出手，拿出所有的积蓄，又千方百计地贷款，筹集了 100 多万资金，建起了一个 500 吨级的冷库。他与一家海产品加工厂签定了常年供货协议，用于储存购进的饲料鱼，除了自己用，还卖给其他养殖户，不仅保证了自己养殖黑鱼的需要，仅卖饲料鱼就赚了 60 多万元钱。

吃的问题有了保证，窑湾镇的黑鱼养殖重新又红火起来，然而新的麻烦也接踵而至。原来养殖黑鱼的量少，在本地以及周边的市场就能卖掉。现在，大量的黑鱼集中上市，市场已经饱和，养殖户们不得已，只能降价竞争，因为黑鱼卖不掉，就等于在张着嘴吃钱。

许多养殖户不但没赚到钱，甚至还亏了本，只得又打起了放弃的主意。

赵永的黑鱼养殖面积最大，所面临的压力自然也最大，但他没有呆在家里唉声叹气，而是走出家门，去闯新的市场。

当他来到扬州市水产批发市场时，如同发现了新大陆一般，这里是苏北最大的水产批发市场，光黑鱼一天就销售6万多斤。兴奋异常的赵永立刻和几个养殖户各拉了几千斤黑鱼来这里销售，可呆了没两天，赵永就再也高兴不起来了。原来他发现这里的经销户对浙江和山东的人特别热情，而他们拉来一车鱼，要卖四五天，吃饭、住宿，既费钱又麻烦，有些黑鱼还会因时间长死掉。同样是卖黑鱼，同样是卖一斤黑鱼给市场提成5分钱，但为什么却受到不同的待遇呢？

赵永通过细心观察后发现了奥秘，浙江和山东卖黑鱼的都是大户，拉得多，每星期都去，一年四季都有黑鱼卖，难怪会受到特别的服务。看来不好卖不是因为鱼多了，而是鱼太少。

找到了问题就找到了路。为了一年四季都有鱼卖，赵永立刻着手成立了新沂市黑鱼养殖专业合作社，他被推荐为会长。为增强合作社的吸引力，赵永承诺，不仅黑鱼养殖户可以免费加入，而且社员都可以从他的冷库赊鱼饲料，条件是在卖鱼的时候，同等的价格，要优先卖给他，然后再从卖鱼款中偿还饲料钱。这样一来就缓解了不少养殖户的资金压力，养鱼变得包赚不赔，大家纷纷入社，赵永则获得了充足的黑鱼来源。

养鱼的赵永摇身一变成了扬州水产市场最大的黑鱼批发商，每年往扬州水产批发市场供应4000多吨黑鱼，占整个批发市场黑鱼销售量的70%以上，仅此一项每年就给他带来了300多万元的收入。

从一个名不见经传的乡村医生，变成当地养殖界的风云人物，赵永的华丽转身只用了不到3年的时间。有人将他的成功归结于财运，说他天生就有发财的命，而只有赵永明白，事关他命运的两次重要提速，都是在别人看不到路的地方开始的。如果说成功有什么秘诀，那就是从别人不走的地方走出路，天地常常就在这样的时候而豁然开朗。（有删节）

文明的层次

顾 土

　　前几年去美国，天天乘着一辆大巴东奔西跑，开车的是位美国师傅，他对我们的态度先是老皱眉头，后来又像个拨浪鼓似的总摇头，最后快要分手时才改成笑容满面。

　　最初，我们吃的喝的擦的，每次都会将剩余一些杂物丢弃在座椅上下，下车游逛之后回到车上，看见车厢已被收拾得干干净净，脸难免发烧。人有脸树有皮，从此大家变得文明起来，再有杂物都会自觉地放进垃圾袋、塞进座椅背后的网筐里。正当我们为自己终于懂得如何文明而高兴时，又发现在停车休息期间，美国师傅还要把我们的那些小垃圾袋一一装入一个大垃圾袋，再拖到车厢的前面。看见他一天几次来来往往地装垃圾，我们再次自惭形秽。于是，我们又都学会每次下车时将自己的小垃圾袋带到司机旁，自己动手放进大垃圾袋中。可就在我们为自己学会了更加文明而得意时，又发觉那位美国师傅一天两次还要费劲地扛着大垃圾袋下车寻找大垃圾箱。直到我们看到其他国家的游客自己攥着小垃圾袋下车自行扔进垃圾箱后，这才明白，文明原来也分层次。

　　好像是 14 年前吧，我在北京前门饭店目睹了一件终身难忘的事情。当时前门饭店大堂的卫生间很小，男厕那里只有 3 个小便池。与我进饭店的同时还拥进一队浩浩荡荡的日本旅游大军，大概旅途不便，20 几号男游客都内急。等我也走进卫生间，看见里面的两个小便池前早已排起了长龙，可是另一处小便池前却空无一人。我断定这是个坏池子，便排在了日本长龙的尾部。万万没料到，所有日本人见状都微笑地对着我将手指向那个"坏池子"。我犹豫片刻，猛然醒悟过来，长久被这一幕所震惊。以后十几年来，我常常以此事为谜，请人猜猜看，那个池子怎么了？可惜，无一人猜中。看来，文明层次之间也有不小的距离。

　　不久前去俄罗斯游览，时常看见马路边排着队伍，有二三人的小队，有几十人的大队，有等大巴的也有等小巴的，还有不知等什么的。队伍旁边没有碗口粗的栏杆，也看不见头戴小帽挥舞小旗口吹小哨的协管员，人与人之间都保持距离，队伍还拐弯，有时拐上几个弯。拐弯是排队的人自动拐出来的，为的是不妨碍行人走路。看到这些排队和拐弯，我们懂得，文明的高层次不是靠强迫，不是死记硬背，不是因为别人怎么做我也怎么做，而是在于理性。

　　平时生活，我看见不排队的比较多，大家把手一起往前伸，或者将身子一起朝前挤，呈散沙型、乱麻型、一窝蜂型、星罗棋布型。一旦排起队来，也是监管型、牢笼型、围圈型，前贴后碰，不时还能瞥见加塞儿型。这些排队出于无奈，所以不讲理性，排起来硬邦邦，直来直去，从不考虑排队为哪般。看见这些排队同时又挡住了别人的道路的人，我总想告诉他们，排队的最终目的是与人方便自己方便；当我也跻身这样的排队之中时，试图从自己开始拐一个弯，把道路让开，但排着排着，我就被开除出来。

　　理性的文明，不必列出什么是文明什么又是不文明，一切都以尊重别人尊重公共利益为准。"请排队等候"、"不准跨越栏杆"、"大便入坑小便入池"，仔细一想，这些话其实是对学龄后一切有脑袋人的最大侮辱。理性的文明，渗透在血液里，弥漫在意识与潜意识间，从从容容，轻轻易易，就好像有人随意吐痰乱扔垃圾那么自自然然。

　　说起理性文明，我又记起俄罗斯的地铁。往下的电梯，所有人都下意识地向右靠，一条畅通的通道自然而然形成，不时也会有人连蹦带跳地窜下去。但是，往上的电梯就站得满满的，因为那么深的地铁，不可能有人愿意爬上来！

狱中题壁

〔清〕谭嗣同

望门投止思张俭，忍死须臾待杜根。
我自横刀向天笑，去留肝胆两昆仑。

【译文】

望门投宿想到了东汉时的张俭，希望你们能像东汉时的杜根那样，忍死求生，坚持斗争。

即使屠刀架在了我的脖子上，我也要仰天大笑，凛然刑场。而留下的，将是那如莽莽昆仑一样的浩然肝胆之气！

【赏析】

解诗不能仅着手于词字，更要着手于诗的总体寓意，尤其要着手于诗人写作该诗的特定历史背景和特定心理状态。特别是对这样一种反映重大历史事件，表达正义呼声和抒说自我胸怀的作品，更要从作者当时所处的背景、环境和心情、心境出发去仔细揣摩。

大家知道，该诗是谭嗣同就义前题在狱中壁上的绝命诗。1898 年 6 月 11 日，光绪皇帝颁布"明定国是"诏书，宣布变法。1898 年 9 月 21 日，慈禧太后就发动政变，囚禁光绪皇帝并开始大肆搜捕和屠杀维新派人物。谭嗣同当时拒绝了别人请他逃走的劝告（康有为经上海逃往香港，梁启超经天津逃往日本），决心一死，愿以身殉法来唤醒和警策国人。他说："各国变法，无不从流血而成，今中国未闻有因变法而流血者，此国之所以不昌也。有之，请自嗣同始。"

诗的前两句，表达的恰恰是：一些人"望门投止"地匆忙避难出走，使人想起高风亮节的张俭；一些人"忍死须臾"地自愿留下，并不畏一死，为的是能有更多的人能如高风亮节的杜根那样，出来坚贞不屈地效命于朝廷的兴亡大业。诗的后两句，则意为：而我呢，自赴一死，慷慨激扬；仰笑苍天，凛然刑场！而留下的，将是那如莽莽昆仑一样的浩然肝胆之气！

"去留"的"去"字，这里是指一种行为趋向，意为"去留下"，"去留得"，没有很实在的意义。"去留"不是指"一去"和"一留"，在诗人的该诗句中，"去留"不是一个字义相对或相反的并列式动词词组，而是一个字义相近或相同的并列式动词词组。谭嗣同是湖南浏阳人。南方方言和现在的普通话一样，下面这种用法是常有的：用"去"去辅助另一个动词构成一个动词词组或动词短语，而这个动词词组或动词短语的含义大致就是后一个动词的含义，如"去想一下"，"去死吧"，"明天去做什么"等等。这里的"去"字，并不表示空间上的去这里去那里，而是表示时间上的行为、事态之趋势和倾向。也就是说，"去"可表空间意义上的位移，也可表时间意义上的发生。从整首诗的意思来看，"去留肝胆两昆仑"中的"去"，应是时间意义上的"去"，而不是空间意义上的"去"。很多人的理解，恰恰是把它当作空间意义上的"去"。而我们所流行的各种解释，都是这样思维定势。而那时的官话或北方话也应有这种用法吧？"去"字的这种重要语义，《现代汉语词典》、《辞海》都有记载。

　　"昆仑"不是指人，而是指横空出世、莽然浩壮的昆仑山；"肝胆"所引申的不是指英勇之人，而是指浩然之气；"去留肝胆两昆仑"的总体诗义是：去留下自己那如莽莽昆仑一样的浩然之气吧！也即是"留得肝胆若昆仑"的意思。此诗颇近文天祥《过零丁洋》"人生自古谁无死，留取丹心照汗青"的味道。当然，"去留肝胆两昆仑"这样写，是诗句表达的需要——包括平仄，全部的含义在于指代自己如莽莽昆仑一样的浩然肝胆之气。实际上，直接从字面上去解，去留下如昆仑一样的"肝"和如昆仑一样的"胆"，这不也一样表达了诗人的视死如归、浩气凛然和慷慨悲壮吗？正是那种强烈的崇高感和悲壮感，激励着诗人不畏一死、凛然刑场。而这句所表达的，正是那种震撼人心灵的、自赴一死的强烈崇高感和强烈悲壮感。

拼命地生活下去

柴　静

"不用怀疑，我想你对远在西北的那个小城——武威，还有民勤一定还有着深刻的记忆和感情吧。"

留言里看到这一句，像是有什么东西，在我心里猛地，硬生生地扯了一下。

只不过两年的时间。

那个片子叫什么？

"《无水的绿洲》，第一次看它是高三时的一个傍晚，正好也在刮沙尘暴，一家小店的老板把那个超大屏幕的电视机搬到大街上，越来越多的人挤到那里，静静地看，默默地流泪。依然清晰地记得人群最中间坐着的那个乞丐，也是一样的泪流满面。"

哦，沙尘暴……沙尘暴……

我的第一个回忆是声音，砂子打在我牙齿上的声音，非常细碎。我只要一开始说话的时候，就能听到这个声音。

在那样的风里根本站不稳，我记得摇摇晃晃地对着镜头说，"我目不视物，呼吸困难，而这就是民勤人的日常生活。"

回到宾馆，我拿出梳子。

"你梳头发的声音怎么像梳钢丝？"小宏说。

我们在村长家吃饭，他家里所有的东西上盖着一层砂土。不再擦——擦了也没用，他媳妇从外头进来，端新炖的羊肉给我们吃，肥美极了，但是我们不敢喝水，太金贵。

"这儿的地下水连牛都不喝，也不能浇灌庄稼。"带我们去渠边的老村民说。

我尝了一口，不是咸的，是碱味。

能喝水的机井要打到了地下300米，只有那里才有甜水——那是史前古水，形成于二叠纪、三叠纪，不可能再生，是人类最后的防线。

可是，这是一个叫做民勤绿洲的地方，这个石羊河的冲积而成的地方，汉代时充沛的河水曾造就了仅次于青海湖的"潴野泽"。

就在50年前，我站的地方曾经是湖泊，"春天水边芦苇有一房高，全是黄花，满湖野鸟"。

而今天，叫做"青土湖"的地方，只剩了无边无际的盐碱地。唯一能证明这曾是泽国的只有一些芦苇，和满地的细小贝壳。我从地上捡起两只放在外衣口袋里保存到现在。

水呢？民勤的水去了哪？

治沙的专家说，"上游武威、凉州的人口和耕地在1950年代暴长数倍，再加上上游的10余座水库，使这里的水量急剧减少。"

1958年，在青土湖上游约100公里处，民勤人开始修建红崖山水库。它的目的是减少蒸发和渗漏，保护水资源。不过，"亚洲第一沙漠水库"的建成，最终直接导致了青土湖的消失，水库成了石羊河的终端。

没有了水，沙卷地而起。

红色的腾格里沙漠与青色的巴丹吉林沙漠就在这里汇合，从东、西、北三面合围民勤绿洲。

我跟一个当地治沙工作的人坐在沙上采访，身边都是枯死的胡杨，他说小的时候沙子在"很远的地方"，他手一指。

"你走过去吧。"

"什么？"他愣了一下。

"您走到当初沙子在的地方去让我们看看。"

他站起来踩着沙往远处走，我跟镜头远远地看着他。

他走了大概一百米，变成一个小黑点，然后，回过身，向我们招手。

那一百米，走得真静，真长。

沙进人退，都走了，我们去的煌辉村房屋尽塌，已化为土，最后一家走的据说是一个八十多岁的老人，一个人住，最后实在一个人生活不下去了才走的，我站在他家门口，门没锁，用根粗木头顶着。春节时候挂的对联还很完整，横批是"春回大地"。

这期节目收视率不高，"民勤离我们太远了"，有人说。可是今年在北京，早晨打开门看到自己身陷黄沙。如果民勤失陷，武威、金昌两地会被沙漠埋葬，河西走廊也难逃消失的厄运。而对于北京，沙尘暴就不是一年几次，而将成为北方气候的常态。

知道这一点并不难，但记住它不容易。就连作为记者的我，也几乎忘记了民勤，直到这条留言狠狠地扯着我的心。

"这个节目今天依然在我的家乡一遍又一遍地放着，它已经跟好与不好没有关系，它让我们明白，我的家乡和她所孕育的人民并不是一群卑微的生命，我们并没有被遗忘，还有人如同自己一样地爱着这片土地。"

这是一个非常年轻的孩子写的留言，她叫我"柴静姐姐"。让我想起在节目中我采访的那个16岁的小女孩，她寡言，坐在田埂上，几乎徒劳地在盐碱地里插红柳，用小缸子盛水一个小坑一个小坑地浇水。

在这段留言的结尾，她写道："拼命地生活下去，还需要其他的理由么？"

一个人的操守

牧徐徐

隆·延克尔是美国得克萨斯州的著名作家，但在上世纪 30 年代初，他还只是艾奥瓦州首府得梅因的一个小编辑，负责编辑一本不太出名的文学期刊。

一天，延克尔收到一份短篇小说来稿，寄稿人称该稿是她母亲在打扫老房时，无意间发现的，自己读后感觉非常好，所以推荐过来，希望能被发表出来。

延克尔看完这篇小说，也觉得内容很精彩，但出乎意料的是，在文章的结尾处，还有几个潦草字——"威廉·西德尼·皮特作"。

看到这几个字后，延克尔当即惊呆了，因为他知道，威廉·西德尼·皮特就是已过世 20 多年的美国著名短篇小说作家欧·亨利！如果这篇小说确实出自他之手，那便是尚未发表的名家遗作，其价值难以想象。而给他投递这篇小说的人，显然不知道威廉·西德尼·皮特就是欧·亨利，更不会知道这是一篇弥足珍贵的手稿。

为了证实自己的推测，延克尔查遍了欧·亨利已经发表的所有小说作品，结果发现果然没有这篇。他还查出，欧·亨利的确曾在距离得梅因不远的休斯敦生活过一段时间。也就是说，他完全有可能来过得梅因，并在某处公寓里创作了这篇小说，然后由于疏忽，临走时忘了将手稿带走。

但这毕竟都是猜测，为了进一步证实，延克尔又专门乘火车来到位于纽约的哥伦比亚大学，将这篇小说送给一位专门研究和鉴定欧·亨利作品的专家，最后得到的答复是："百分之百的真迹手稿！"

兴奋之余，延克尔决定将这篇小说公开竞卖，最终被一家出版社赢得，对方给出的价钱在当时堪称是"天价"——2000 美元！

拿到这笔钱后，延克尔按照信上的地址，亲自将其送到了寄稿人——一个家境非常贫穷、背部严重畸形的女中学生手中。结果，这名中学生靠着这笔"从天而降"的钱，成功地实施了背部矫正手术，并在此后过上了幸福的生活。

当时美国正处于经济大萧条期，与许多美国人一样，延克尔的生活也非常艰苦，他本可以神不知鬼不觉地私吞了这笔钱，但他没有。

评判一个人的操守，不是要看他在光天化日、众目睽睽之下的表现，而是要看其在无人知晓和无人监督之下的表现。

工作与人生

王小波

　　根据我的经验，人在年轻时，最头疼的一件事就是决定自己这一生要做什么。在这方面，我没有什么具体的建议：干什么都可以，干什么都是好的，但要干出个样子来，这才是人的价值和尊严所在。人在工作时，不单要用到手、腿和腰，还要用脑子和自己的心胸。有些人对后一方面不够重视，这样就会把工作看成是受罪。失掉了快乐最主要的源泉，对生活的态度也变得消极。

　　对我自己来说，心胸是我在生活中想要达到的最低目标。某件事有悖（bèi）于我的心胸，我就认为它不值得一做；某个人有悖于我的心胸，我就觉得他不值得一交；某种生活有悖于我的心胸，我就会以为它不值得一过。罗素先生曾言，对人来说，不加检点的生活，确实不值得一过。我同意他的意见：不加检点的生活，属于不能接受的生活之一种。人必须过他可以接受的生活，这恰恰是他改变一切的动力。人有了心胸，就可以用它来改变自己的生活。

　　高尚、清洁、充满乐趣的生活是好的，人们很容易得到共识。卑下、肮脏、贫乏的生活是不好的，这也能得到共识。但只有这两条远远不够。我以写作为生，我知道某种文章好，也知道某种文章坏。仅知道这两条尚不足以开始写作，还有更加重要的一条，那就是：某种样子的文章对我来说不可取，绝不能让它从我笔下写出来，冠以我的名字登在报刊上。以小喻大，这也是我对生活的态度。

商　道

赵江安

成本管理的极限：开除一条狗

美国航空公司是全美国最赚钱的航空公司之一。美航的成功，应归功于它的执行长官柯南道尔所采取的一系列有效策略，其中最值得称道的是将成本降到极限的管理方案。

美航在加勒比海岸边有一栋货仓，早先一直雇了一个人整夜看守，后来柯南道尔决定要压缩这项开支。会上有人说："这不可能，我们雇这个人是用来防盗的。"柯南道尔说："能否把他换成临时工，隔天守夜一次，应该不会有人知道他在不在。"

过了一年，柯南道尔还想减少成本，便告诉下属："能否将此人换成一条狗来巡守仓库？"下属还真就这么做了，而且很有效。又过了一年，柯南道尔还想把成本继续往下压，下属说："我们现在已降到只雇用一条狗了。"柯南道尔说："你们干吗不把狗叫的声音录下来播放？"

就这样，柯南道尔为了省钱，直接开除了一条"毫无过错"的看门狗。

收入最大化方法：买家相争，卖家得利

众所周知：奥运会需要巨额资金投入，会给承办这一盛会的城市带来难以承受的财政负担。1976 年，蒙特利尔举办第 21 届奥运会花了 30 亿美元，巨额债务险些让当时的市政府破产，蒙特利尔在后来的 10 多年时间里都在偿还这笔债务。蒙特利尔的"惨痛教训"使得奥运会成了"烫手的山芋"，各国政府对其敬而远之。1978 年，第 23 届奥运会的申办城市最后竟只有洛杉矶一家。

美国商人尤伯罗斯私人承办本届奥运会后发现，所有"来钱"的路都被"提前"堵上了。按照传统思路，筹备奥运会通常有 3 个资金来源：政府资助、彩票和捐款。然而，加州禁止动用公共基金举办奥运会，美国政府甚至拒绝向奥运会提供一分钱的资助；发行彩票在加州是非法的，也不能与美国奥委会和慈善机构争抢捐款。尤伯罗斯骑虎难下，只好对本届奥运会的组织方式进行前所未有的"商业化"改革。

尤伯罗斯的第一个商业创意是转播权招标。尤伯罗斯亲自登门拜访，"直接敲打"竞标方，最后将这次奥运会的电视转播权在美国本土拍卖，得到了 2 亿美元，在欧洲、亚洲分别得到了 2000 万美元，还得到了 2000 万美元的广告转播权转让费。为了最大限度融资，这届组委会规定：在招标期间，有意转播奥运会的电视公司须先支付 75 万美元作为招标定金。包括美国三大电视网在内的 5 家电视机构交付了定金，这些定金每天高达 1000 美元的利息帮助尤伯罗斯渡过了第一道难关。

尤伯罗斯的第二招是：一改以往组委会"哀求赞助商"的做法，首次成功地将商业竞

争的"熊熊战火"引向赞助商。他将正式赞助商的总数严格限定为 30 个，规定通过竞标的方式，每个行业只接受一家赞助商，利用商家争当行业龙头老大的心态，促使这 30 个行业内部进行激烈的竞争，进而最大限度地提高赞助价位。通过这一策略，他首先"点燃"了竞争最激烈的饮料行业的"战火"：面对 400 万美元的底价和强有力的竞争对手"百事可乐"，为了拔取头筹，"可口可乐"最终痛下决心，以 1260 万美元的天价成为软饮料行业的独家赞助商。

后面的企业招标中，尤伯罗斯如法炮制，直到将 30 家不同行业的企业都用最高价一一拿下。

尤伯罗斯的第三招是：将与商家无丝毫联系的荣誉性的火炬接力变成"印钞机"。他开价 3000 美元每公里，拍卖美国境内奥运火炬传递路线的所有里程，对参加者只有两个要求：第一要身体好，第二要付 3000 美元。美国人都为自己能当一名奥运火炬手而感到自豪，于是纷纷踊跃报名。通过这一活动成功募集到的 1100 万美元被用于当地体育设施建设，推广体育活动，培养体育人才。尤伯罗斯还将观赛座位分为三六九等，标上不同价格，最贵的 VIP 座位竟卖到 2 万美金。尤伯罗斯甚至公开宣称，即使总统来了，也要自己掏钱买票。

在"开源"的同时，尤伯罗斯全力压缩开支进行"节流"，充分利用已有设施，不盖新的奥林匹克村，租用假期空闲的大中小学教室做运动员村，招募大量大学生和社会人员做志愿者，无偿为大会义务工作，节约了大量开支和成本。

凭借着天才的商业头脑和运作手段，尤伯罗斯使没有一分钱政府拨款的洛杉矶奥运会盈利 2.25 亿美元，成为近代奥运会恢复以来真正盈利的第一届奥运会，从此，奥运会变成了一棵人见人爱的摇钱树。由于对现代奥运做出了突出贡献，1984 年，尤伯罗斯获得了国际奥委会颁发的杰出奥运组织奖，他被誉为奥运会的"商业之父"。

微笑是办好事最好的"见面礼"

世 鸿

有人说过："微笑是全世界的通行证。"的确，它常常能够反映出一个人的精神风貌和生活态度，经常微笑的人会在人群中大放异彩，让人们受到感染。没有一个人不喜欢笑脸，笑是人类的本能，将笑容从脸上抹去是一件很难的事情。也正是由于这项本能，微笑缩短了人与人之间的距离，同时微笑具有神奇的魔力，人们很难拒绝一个喜欢微笑的人提出的事情。试想，让一张经常微笑的脸庞变成愁眉苦脸的模样是一件极其残忍的事情。

曾经，有人做了一个有关微笑的魅力的实验，来说明微笑带给人的影响。

让两个模特都戴上面具，但是面具都没有任何表情，然后问观众最喜欢哪一个人，答案几乎一样：一个也不喜欢。因为那两个面具都没有表情，他们无从选择；然后再要求两个人把面具拿开，舞台上出现了两个不同个性的女孩儿，在人们面前的是两张不同的脸，其中一个人把手盘在胸前，愁眉不展，另一个人则面带微笑。这时再问每一位观众："现在，你们对哪一个人有兴趣？"人们都毫不迟疑地选择面带微笑的那位女孩儿。

这个实验充分说明了微笑是受欢迎的。微笑能拉近人与人的距离，有了微笑，办事就有了良好的开头。

吉姆，一个成功的保险推销员，在多年的推销生涯中，他发现微笑的人永远是受欢迎的。所以，他在进入别人的屋子之前，总是事先停留片刻，想想使他高兴的事情，于是，他脸上便展现出开朗的、由衷而热情的微笑；在脸上还带有微笑的时候，他再推门进去。吉姆深知，微笑和他推销保险的成功有很大的关系。

当我不带微笑去办事情的时候，回头再看看事情的效果，往往连自己都会大吃一惊。

微笑永远不会让人感到失望，它只会使你成为一个受欢迎的人。不会微笑的人在办事中将处处感到艰难，走很多没有必要的弯路。

微笑可以解决问题，这是一个真理，任何办事有经验的人都会明白这一点。所有的人都希望面对别人微笑，而不是冷冰冰的面孔，冷冰冰的面孔让人有一种拒人于千里之外的感觉。找工作时甚至会碰到这样的情形：有的公司在招聘职员时，以面带微笑为首要条件，他们希望自己的职员脸上挂着笑容，把自己的公司推销出去，而不是一种把客人往外推的冷冰冰的脸孔。

在社会交往中，如果想得到别人的尊敬，那么你需要拥有高尚的品质和杰出的成绩。但是如果只想得到别人的好感，则要容易很多，微笑就足够了。从这一点来看，微笑无疑是一座最可靠、最方便的沟通桥梁。

微笑不仅能让人感受温暖、体会快乐，也是将事情办成功的不可缺少的武器。

郑晓所在的单位前一阵儿人事变动，一个有着很大上升空间的部门多了一个职位，着实让许多人向往。几经周折之后，得到这个职位的是一个名牌大学的毕业生，基本功很扎实，虽然经验稍显不足，但是只要稍做培训，担当起这项工作肯定不在话下。郑晓与他通了几次电话，在交谈中，郑晓得知还有几家公司也很希望签下这个毕业生，而且那几家公司的实力要远远超过郑晓所在的公司。所以，当这个毕业生表示愿意到郑晓的公司工作时，郑晓在高兴之余，也颇感意外。

后来，在一次午餐中，郑晓才明白了这个毕业生选择来他们公司的原因。这个毕业生说："其他公司的负责人在电话里的声音都很生硬、直接，而且让人感觉没有丝毫的感情。虽然那里的条件确实很不错，但是感觉那里没有人情味，招聘就像是做买卖一样，人就像货物似的，感觉很不舒服。可老板您却完全不同，您的声音听起来很亲切，让人感觉到您是真诚地邀请，而且我也能感觉到，电话一头儿的您，是满脸笑容的。"

"一阵爽朗的笑，犹如满室黄金一样炫人耳目。"这是法国作家福楼拜说的，这个事例就是对福楼拜的话的最好解释。从这点来说，微笑就是最好的敲门砖。通过微笑能够轻松与人沟通，更容易接触到对方的心灵，从而取得成功。

微笑是社交中的润滑剂，它可以帮助那些工作、学习、生活中遇到压力的人们排解心中的不快，帮助他们重新找到生活的乐趣，让他们知道世界是美好的，生活是快乐的。总之，只要活着，就应该让微笑时刻伴随在我们身边。

倘若你是一个不常微笑的人，那么就应该鼓励自己多一些微笑。当你觉得孤单时，可以试着自己哼一首欢快的歌曲，这样就容易快乐了。成天愁眉苦脸，只能让别人离你越来越远，你的生活也会变得越来越乏味。

总之，求人办事时若想更容易成功，一定要学会事先送上你最好的见面礼——微笑。

我们提供知识，期待你运用它创造未来！

广东圣贤智出版顾问有限公司
GUANGDONG SXZ PUBLISHING CONSULTANT Co.L.td

尊敬的读者：

感谢您使用《职业素质教育读本（第四册）》！如需同系列图书《综合素质教育读本》样书，以及未收到本书稿酬的原文作者，请以邮件或电话方式与我们联系。

联系方式：yyh@sxz-pub.com，isbay@foxmail.com

发行电话：(020) 87213911

售后服务电话：4009919019

地址：广州市天河区燕都路63号

周骏林 吴颖怡 主编

职业素质教育读本

（第一册）ZHIYE SUZHI JIAOYU DUBEN

中国出版集团
世界图书出版公司

吴颖怡 周骏林 周巨洪 主编

职业素质教育读本

（第二册）ZHIYE SUZHI JIAOYU DUBEN

中国出版集团
世界图书出版公司

吴颖怡 主编

职业素质教育读本

（第三册）ZHIYE SUZHI JIAOYU DUBEN

中国出版集团
世界图书出版公司

VG068-510080968-01-X